国家级精品课程教材　清华大学精品课程教材

纺织服装高等教育“十四五”部委级规划教材

服装史论书系

中国服装史

（简明版）

贾玺增　著

東華大學出版社

·上海·

图书在版编目（CIP）数据

中国服装史：简明版 / 贾玺增著. -- 上海：东华大学出版社，2021.6

ISBN 978-7-5669-1777-5

Ⅰ. ①中… Ⅱ. ①贾… Ⅲ. ①服装—历史—中国 Ⅳ. ① TS941-092

中国版本图书馆 CIP 数据核字（2021）第 096735 号

策划编辑：马文娟

责任编辑：季丽华

文字编辑：张力月

装帧设计：上海程远文化传播有限公司

中国服装史（简明版）

ZHONGGUO FUZHUANGSHI JIANMINGBAN

著：贾玺增

出版：东华大学出版社（上海市延安西路1882号，邮政编码：200051）

本社网址：http://dhupress.dhu.edu.cn

天猫旗舰店：http://dhdx.tmall.com

营销中心：021-62373056

印刷：上海雅昌艺术印刷有限公司

开本：889mm × 1194mm 1/16

印张：8

字数：195千字

版次：2021年6月第1版

印次：2021年6月第1次

书号：ISBN 978-7-5669-1777-5

定价：58.00元

序

服装史是高等院校服装专业教育的必修课程，学习服装史不仅为学生提供知识储备和设计素材，也对提升他们的创新力、提案力和审美力有很大帮助。学习服装史对服装专业人才培养具有重要意义。

自2015年开始，清华大学美术学院贾玺增副教授撰写的“十三五部委级规划教材•服装史论书系”陆续面世，现已出版了《中外服装史》（国家精品课程教材、清华大学优秀教材）和《中国服装史》（国家精品课程教材）两本，还有一本《西方服装史》即将出版。这三本教材阐述系统、内容详实、资料丰富，穿插大量当代复原作品和运用历史元素设计的时装案例，文字和图片的信息总量较大。因此，在阅读时需要读者静下心来，用较长的时间认真学习，循序渐进，才能慢慢掌握和理解书中的内容。

“十三五部委级规划教材•服装史论书系”得到了业内专家、中国高等院校服装专业师生和广大读者的一致好评，尤其是《中外服装史》已被国内120余所院校作为课程教材和研究生入学考试教材。有一些读者询问能否再出版一套相对轻松、简单的入门级图书。鉴于这个目的，贾玺增副教授又撰写了这三本“简明版”系列丛书，包括《中国服装史（简明版）》《西方服装史（简明版）》《中外服装史（简明版）》，以此作为“十三五部委级规划教材•服装史论书系”丛书的扩展和补充，使广大读者、高等院校服装类专业学生更便捷地学习服装史课程和知识。

在撰写的过程中，贾玺增副教授遵循易读、易学、易掌握的原则，将服装史里的知识点提炼出来，经过谨慎选择，以词条的形式撰写（尽可能减少古代文献），以便于读者阅读、掌握和记忆。本系列丛书还注重正文、图片和图注的紧密结合和编排，使读者能够在短时间内通览全书，快速建立服装史的基础知识和理论体系，为今后的深入学习打下基础、创造条件，并保持轻松的学习状态和良好的学习兴趣。

贾玺增副教授长期从事服装史学术研究，在设计实践和课堂教学等领域取得了显著成绩。他参与策划的“‘华夏衣裳’中国高等院校服装史教学与学术研讨会”（中国纺织服装教育学会、清华大学美术学院主办），吸引近百所院校参与，旁听观众几十万人。此外，贾玺增副教授还连续多年在东华大学出版社举办的“全国服装专业教师暑期高级研修班”，为全国各地的服装专业老师进行授课，分享教学经验和学术成果，在服装史教学方面起到了很好的“传帮带”作用，同时也推动了服装史课程教学水平的提高。借此机会，对贾老师的辛勤工作表示感谢!

五千年来中华文明生生不息，服装是重要的传承载体，“一丝一缕”中歌颂着先辈们对美好生活的向往和追求。相信本套丛书一定会受到读者的欢迎和喜爱。

纪晓峰

中国纺织服装教育学会副会长、秘书长

2021年2月25日

目 录

第一章　公元前 1 万—公元前 5 千年

在人类文明尚未开化的远古时期，工具简单粗糙，生活环境险恶，人类的服装意识还不明确。旧石器时代初期，仅局限于用兽皮、树叶等原始材料对人体的局部进行包裹，以达到遮蔽身体和御寒的目的。至旧石器时代晚期，华夏先民开始了相对稳定的采集、渔猎和洞穴生活，石器的加工比前一阶段更精确、规整和美观，形状也趋于定型化、小型化、多样化。

石器

在距今约 300 万至 1 万年前的旧石器时代，人类主要使用打制、砍砸而成的石制器工具（图 1–1）。掌握工具制造技术是人类进化史上的一个重要标志。随着生产工具的革新，产生了以“磨光”替代“砍砸”的工艺。这种经过磨光、带有刃口的工具，比旧石器时代晚期的工具更进步，人们称之为“新石器”。

磨光后的石器（图 1–2、图 1–3）形制小巧，造型悦目，令人爱不释手。大汶口文化遗址、良渚文化遗址出土了大量新时器时代晚期的石制、玉制等首饰。如上海青浦出土的良渚文化玉项链（图 1–4）和浙江余杭瑶山墓出土的良渚文化玉串饰（图 1–5）。

石器时代晚期，一种更锋利、更实用的石钺开始出现。除了实战功能外，石钺还是军事控制权的象征。当时的部落首领，集军权、神权于一身，石钺则是这些部落首领手中的“权杖”（图 1–6）。

图 1–1　双面砍砸器（大英博物馆藏）

图 1–2　新石器时代石斧

图 1–3　新石器时代石锛

图 1–4　良渚文化玉项链（上海青浦出土）

由大小不等的腰鼓形和圆珠形穿孔玉珠穿成。最下一粒玉坠呈铃形，柄部有一穿孔。坠的两侧为玉管，浮雕双目和嘴组成兽面纹。

图 1–5　良渚文化玉串饰（浙江余杭瑶山墓出土）

图 1–6　礼用石钺（安徽含山凌家滩遗址出土）

兽齿

在旧石器时代晚期，石制工具已趋于定型化、小型化。直立行走，以及火和盐的使用，促使中国古人的智力进一步发展。华夏祖先使用磨制和穿孔技术，将骨、角、牙等天然材料加工成为具有美化功能的饰品。北京山顶洞人、辽宁海城小孤山等旧石器时代遗址中都有用贝壳（图 1–7）、兽牙（图 1–8）、石珠和鸟骨做成的穿孔饰品出土。最引人注目的是四川广汉三星堆二号祭祀坑出土的 3 枚虎牙（图 1–9），其钻孔、磨制和染色技术，显示了旧石器时代晚期人类祖先生产技能的提高和审美意识的出现。这些饰品不仅是美化人类自身的一种器物，还是权力、意志、力量、勇敢和财富的标志。

图 1–7 穿孔饰品（北京山顶洞人遗址出土）

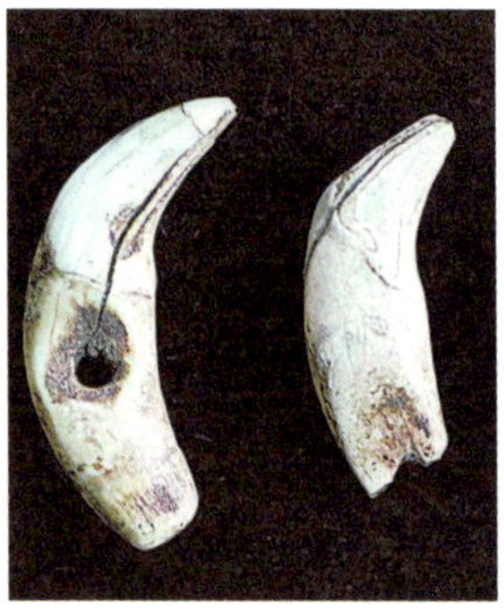

图 1–8 穿孔兽牙（北京山顶洞人遗址出土）

长度为 9.3～11.3 厘米。由于长时间与青铜器埋藏在一起，虎牙被铜锈侵蚀呈碧绿色。每个虎牙根部都有穿孔，可能是作穿戴系挂的装饰之用。

图 1–9 3 枚虎牙（四川广汉三星堆遗址出土）

由 8721 颗细骨珠制成。全长 16 米左右，可反复来回围绕颈、臂及腰部。

图 1–10 细骨珠串饰（陕西临潼姜寨少女墓出土）

长 27.3 厘米，宽 3.8 厘米。一面以甲骨文刻载帝辛将猎获的犀牛赏赐宰丰之事（有学者认为该刻字为后人仿制），另一面刻兽面、蝉纹和虺龙纹，并嵌有绿松石。

图 1–11 商代宰丰骨匕（传河南安阳出土，中国国家博物馆藏）

杯身中腰微束，一侧有与杯身等高夔龙形把手。上下口有两条素地宽边，绿松石的条带间隔为四段：第一段为饕餮纹三组，两侧有身有尾，眼、眉、鼻镶嵌绿松石；中间有两组饕餮纹，兽口下面为一个大三角纹，三角纹两侧有对称的夔纹，头朝下，尾向上，饕餮的口、眼、鼻及三角纹都镶嵌绿松石；第三段刻三个变形夔纹，眼部镶嵌绿松石；第四段的三组饕餮纹眼、鼻同样镶嵌绿松石。

图 1–12 嵌绿松石象牙杯（河南安阳殷墟妇好墓出土）

骨器

在石器和青铜时代，骨器在中国先民的生产和社会活动中占有重要地位。畜牧产品是人们赖以生存的重要生活来源，动物骨骼为骨珠、骨刀、骨匕、骨铲、骨锥、骨镞、骨针、骨梳及骨纺轮等骨器的制造提供了充足的原料。其实物如 1972 年陕西临潼姜寨少女墓出土的一串细骨珠串饰（图 1–10）、中国国家博物馆藏传河南安阳出土的商代宰丰骨匕（图 1–11）、河南安阳殷墟妇好墓出土的嵌绿松石象牙杯（图 1–12）。

玉玦

在浙江余杭瑶山良渚文化遗址、安徽含山凌家滩遗址等新石器时代遗址也发现了大量的玉器（图 1–13）。当时的玉雕工艺已经形成开料、制坯、钻孔、刻纹、起凸、抛光、线切割等技术。商周时期，制玉已成为一种职业。

在新石器至商周，墓葬遗骸的耳旁常会出土光素无纹的玉环或留有缺口的玉玦（图 1–14）。当时的人形彩陶（图 1–15）也可见耳部的穿孔证据。商代玉玦呈片状，尺寸一般为 5 ~ 10 厘米，共分两种类型：光素无纹饰（图 1–16）和卷曲的龙形玦。

图 1–13　玉器（安徽含山凌家滩遗址出土）

图 1–14　商代玉玦

图 1–15　新石器时代人形彩陶（甘肃玉门出土）

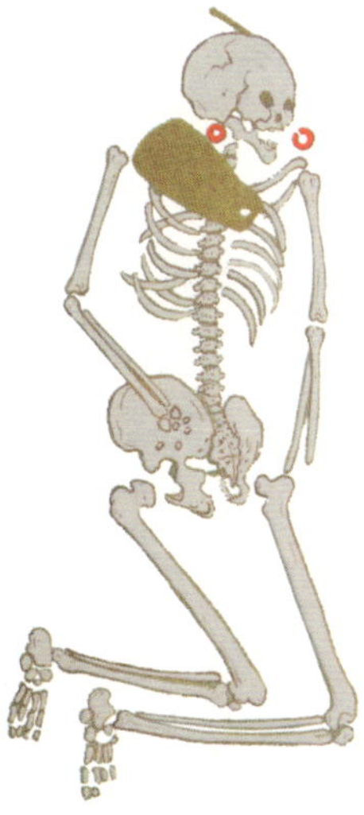

图 1–16　左耳戴玉玦，右耳戴耳环的尸骨（四川巫山大溪遗址第 128 号墓出土）

手镯

河南、陕西、山东、甘肃、青海等地新石器时代遗址均有石手镯出土（图 1–17），有套在双手或右手腕部的，还有一种由两个半圆形拼合，两端各有 1 个或 2 个钻透的小孔可以系结。这个时期的手镯磨制光滑，有的手镯外壁上还刻有花纹。简单者如浙江余杭瑶山良渚遗址出土的绞丝手镯（图 1–18），手法单纯，装饰洗练，以斜破直，以凸饰平，于丰厚质朴中，显出节奏和变化；复杂者如兽面纹蚩尤玉镯（图 1–19）。

图 1–17　新石器时代石手镯

图 1–18　绞丝手镯（浙江余杭瑶山良渚遗址出土）

图 1–19　兽面纹蚩尤玉镯（浙江余杭瑶山良渚遗址出土）

直径 7.4 厘米，孔径 6 厘米，高 2.6 厘米，外缘琢刻 4 个对称、等距离同向排列的龙首纹，利用玉镯外缘的宽面，表现龙的眼、鼻、耳的正面图像，在两侧边相应的扇贝形凸面上，则刻出上颚深邃的嘴裂。龙首顶部雕出两只桃形耳，耳间连以两道桥状阴刻线。两只凸起的重圈眼，由两眼内侧斜向刻出一对弯角，口中一排整齐的牙齿，其上凸起的横条表示上唇和鼻，并在两端刻出鼻孔。『蚩尤环』的造型据说是为了纪念黄帝战败蚩尤人。

羽冠

在人类刚懂得装饰的早期，头部装饰往往比身体更受重视。在中国古代服饰中，不乏有使用鸟羽或鸟形的装饰，如浙江余杭瑶山良渚文化遗址所出土的冠形玉饰，玉琮上有由羽冠、眼睛组合而成的神人兽面纹（图 1–20）。

商代玉器浮雕和青铜器的神面纹样上也有很多头戴鸟羽高冠的人物形象（图 1–21）。《礼记·王制》记载，有虞氏祭礼时头戴鸟羽冠。此外，商族祖先崇拜鸟图腾，因此，殷墟盛行鸟羽作头饰的巫舞。甲骨文中的“美”字，最初便是画着一个舞人的形象，头上插着四根飘曳的雉尾。中国先民相信主宰万物的神存在于天上，“鸟”在“祭天”时是有助于人与天上神灵沟通的特殊媒介。

图 1–20　冠形玉饰上的神人兽面纹（浙江余杭瑶山良渚文化遗址出土）

图 1–21　商代人形玉佩

图 1–22　河南光山宝相寺附近春秋孟姬墓女墓主发髻插笄复原图

图 1–23　骨笄（安徽亳县傅庄新石器时期遗址出土）

图 1–24　骨笄（商代后期王都宫殿遗址小屯北 18 号墓出土）

骨笄

在新石器时代的遗址考古中，出土了大量用骨或木制作的发笄。最初的笄形状比较单调，大多为圆锥形或长扁条形，一般顶端粗宽而末端尖细，质地单一，且材质仅限于当时比较容易获得的木质、骨质等。

河南光山宝相寺附近春秋孟姬墓主人头部发髻上发现的两件木笄（图 1–22），其长 20.8 厘米，直径为 1.2 ～ 2.1 厘米，一支柄端饰玉。墓主人生前蓄发不剪，挽成髻鬟，用笄或簪贯连，以不使头发松散，这有利于行动的方便，也有利于美观。安徽亳县傅庄新石器时期遗址也有形制相同的骨笄出土（图 1–23）。至殷商，中国先民结发于顶或脑后已十分流行。1977 年在商代后期王都宫殿遗址小屯北 18 号墓出土的墓主头上有排列齐整、相互叠压的骨笄 25 件（图 1–24）。笄字从“竹”，可知我国早期竹笄也是非常流行的。

长约8.2厘米，一端尖锐，另一端有直径0.1厘米的针孔。其后，又有一些骨针被陆续发现，如西安半坡新石器时代遗址出土了328枚骨针，最小的仅长9厘米，直径0.2厘米，针孔直径0.1厘米，与今天大号钢针差不多。

图1-25　骨针（浙江余姚河姆渡遗址出土）

羊毛毡裁制成风兜状，帽身连缀耳护，下为敞口。耳护下垂至颌部，原本应缀有绳带。整件毡帽呈灰白色，沿口用等长的粗线缝缉，出土时戴在女性尸体头部。

图1-28　毡帽实物（新疆罗布泊孔雀河北岸古墓沟出土）

图1-26　原始社会晚期皮衣（新疆哈密古墓出土）

本白色羊毛上缀着红色线绳，左侧缀白鼬皮，鼬头悬在帽子的前部，帽子上还绑有羽饰，是用赤色的毛线绑在木桩上，然后插在帽子上的。

图1-29　白鼬皮饰羽毡帽（新疆罗布泊楼兰遗址西汉末或东汉初期古墓中出土）

此鞋称『裘茹克』，根据脚的大小切割兽皮，再打小洞穿绳收紧便可。冬天毛在里，夏天毛在外。『裹脚皮』的使用，使人类摆脱了跣足行走的困境，加快了行走的步伐，扩大了活动范围，有力地促进了农耕渔猎等活动的发展。

图1-27　棕色毛皮鞋（新疆罗布泊铁板河出土）

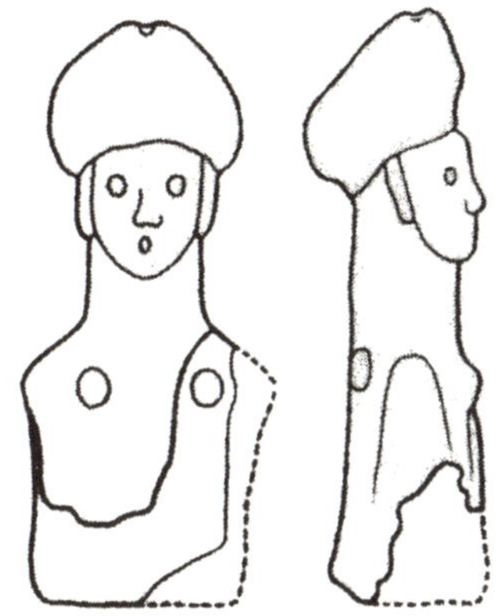

图1-30　陶塑人像（湖北天门邓家湾石家河文化遗址出土）

皮衣

在纺织品尚未发明前，兽皮是中国先民最易获取的制衣材料，即《礼记·礼运篇》所载“昔者……未有丝麻，衣其羽皮。”从考古实物分析，华夏祖先很可能在距今两万年前就已掌握了使用骨针（图1-25）缝制兽皮的技术。缝线由动物韧带纤维或植物韧皮纤维搓捻而成。兽皮衣制好后，华夏祖先还要用咬嚼或揉搓的方法进行皮革的初步鞣制，使其成为穿用更为舒适的柔软材质（图1-26、图1-27）。

毛毡

除了兽皮，中国古人还以毛毡制做衣帽（图1-28、图1-29）。制毡是毛纺织的前导。羊毛毡历史悠久，在华夏大地存在了很长时间，而且也有着很好的发展。中国新疆维吾尔自治区、陕西省、甘肃省等地都有长期使用羊毛毡用品的历史。华夏祖先戴毡帽的形象如湖北天门邓家湾石家河文化遗址出土的头戴筒形平顶窄檐帽的陶塑人像（图1-30）。

第二章　商代

商朝：约公元前 1600—公元前 1046 年

商朝是中国第一个有直接同期文字记载的王朝。夏朝诸侯国商部落首领商汤，率诸侯国于鸣条之战灭夏后在亳（今商丘）建立商朝。之后，商朝国都频繁迁移，至其后裔盘庚迁殷（今安阳）后，国都才稳定下来，在殷建都达 273 年，所以商朝又称“殷”或“殷商”。商朝延续了 600 年左右，末代君王商纣王于牧野之战中被周武王击败后自焚而亡。

养蚕

养蚕和纺丝是中国古人的伟大发明。蚕在中国古代被认为是具有神性的大富之虫，用蚕丝织造的丝绸也是“以养生送死，以事鬼神上帝”的神物。在商周遗址屡屡发现精工细琢的玉蚕，证明了商周时期对蚕神祭祀的礼仪已经相当隆重（图 2–1）。实物如陕西安康石泉出土的西汉鎏金铜蚕(图 2–2)。

桑树

中国古人不但从蚕的变化中产生了对蚕的惊奇，而且还产生了对桑树的崇拜，认为桑林是一片神圣之地，人在桑林中特别容易与上天沟通，以至求子、求雨等重大活动均在桑林进行，从而又产生了扶桑神树的概念，把扶桑树作为天地间沟通的途径之一。

直到春秋战国时期，桑林仍是盛大祭祀活动的重要场所，中国先民甚至还将桑树幻想成为太阳栖息的地方。四川广汉三星堆遗址出土了一颗青铜扶桑神树（图 2–3）；湖北随州擂鼓墩曾侯乙墓出土漆盒之上也有扶桑图，扶桑神树旁有一个太阳（共十个太阳），被后羿射中化作鸟。后羿射日形象的出现，更有力地证明了这是当时人们想象中的扶桑形象（图 2–4）。有时树下还有采桑妇的形象。这种扶桑神树，总是与太阳联系在一起，表现的形式也多种多样。

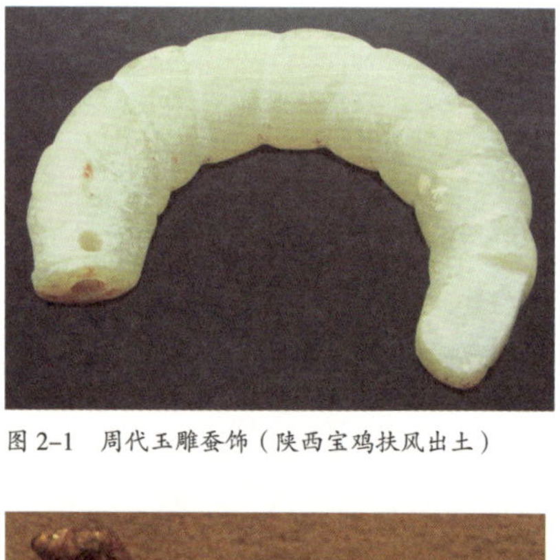

图 2–1　周代玉雕蚕饰（陕西宝鸡扶风出土）

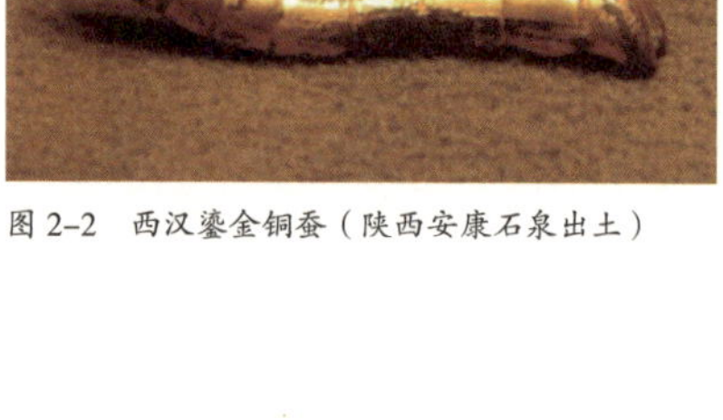

图 2–2　西汉鎏金铜蚕（陕西安康石泉出土）

图 2–3　青铜扶桑树（四川广汉三星堆遗址出土）

图 2–4　曾侯乙墓漆盒后羿射日图（湖北随州擂鼓墩出土）

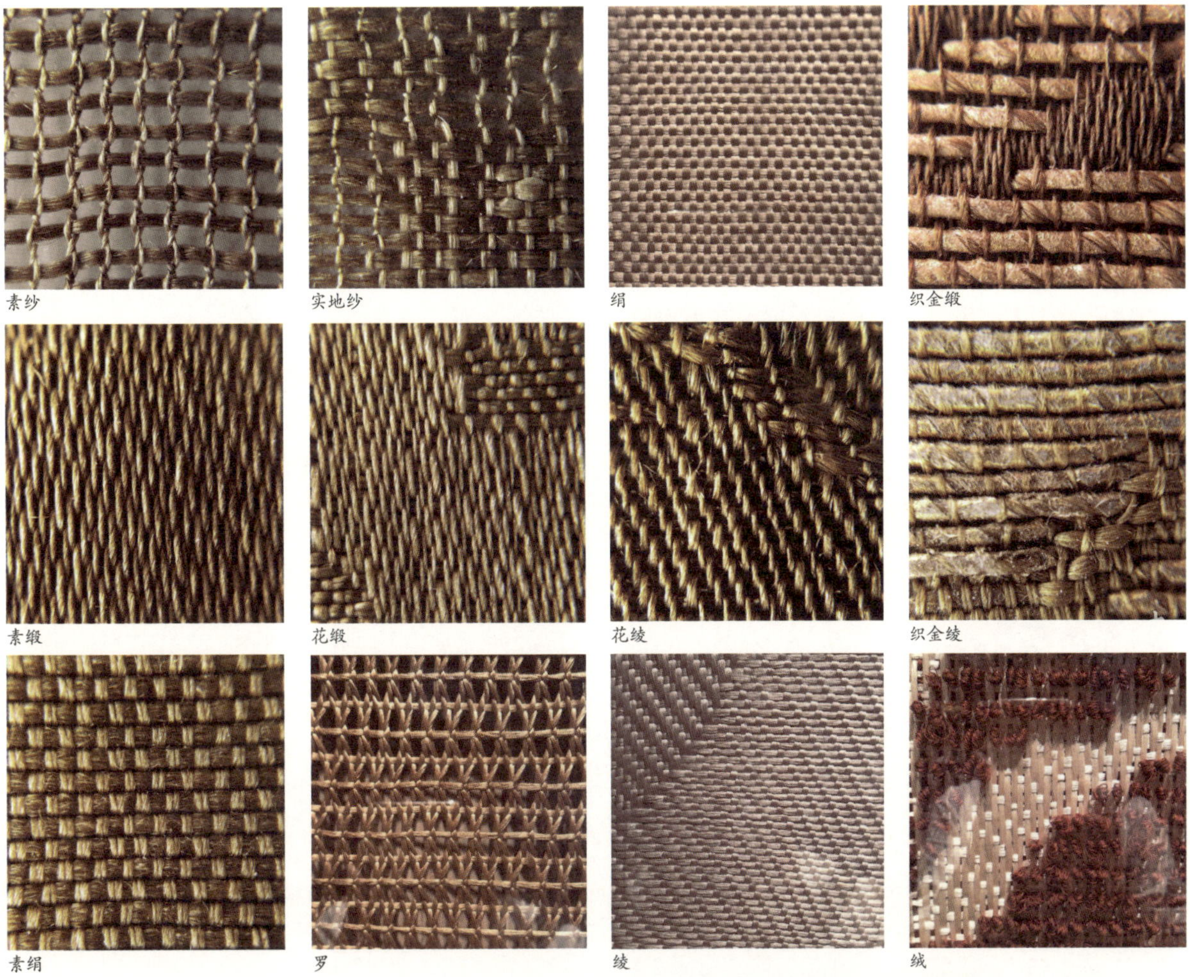

图 2-5　古代丝绸品种

图 2-6　商代玉戈（北京故宫博物院藏）

丝帛

我国古代丝绸品种较多，主要有以下品类（图2-5）：绢，没有花纹的平纹丝织品，质地轻薄，坚韧挺括平整；绫，以斜纹组织变化起花的丝织品，是在绮的基础上发展起来的；纱，组织结构简单，以平纹交织，表面分布均匀的方孔，所谓“方孔为纱”；罗，因经丝的互相缠绕绞结，表面呈椒孔；绮，斜纹起花平纹织地的丝织品；縠，表面起皱点的丝织品，因为表面的皱纹象粟粒状，故称；绉，利用两种捻度不同的强捻丝交织而成，因它们产生不同的抽缩而起皱纹；绡，以生丝织成的轻薄透明的平纹绸子；缎，靠经（或纬）在织物表面越过若干根纬纱（或经）交织一次，组织紧密，是表面平滑有光泽的丝织品；锦，多彩提花丝织物的泛称。北京故宫博物院收藏的一件商代玉戈（图 2-6），不仅有朱砂染色而成的平纹织物印痕，还有以平纹为地、呈雷纹的丝织物印痕。这是迄今我们能见到的最早的商代织物例证。

圆雕玉人像

从出土的玉雕、石雕和陶俑等文物分析，当时社会上层贵族服饰的上身一般为交领右衽或对襟、窄袖及腕、织绣华丽纹饰（如兽面纹、矩形纹、双钩云纹等）的上衣，腰束宽带，下身穿有纹样装饰的裳或袴。其形象可通过以下雕像大致了解：

河南安阳殷墟妇好墓出土的戴箍冠圆雕玉人像（图 2–7），人形呈跽坐状，双手抚膝。头微仰，瘦长脸，粗眉大眼。头编一长辫，贴垂后脑，在左右后侧拧成辫，往上盘至头顶，绕至左右后侧，再至右耳后，辫梢塞在辫根下。戴一头箍前有横式筒状卷饰。人像穿交领窄长袖衣，上有目纹、云雷纹、龙纹装饰纹样，衣长及足踝，束宽腰带，上饰格菱纹，左腰插一卷云形宽柄器，着鞋。

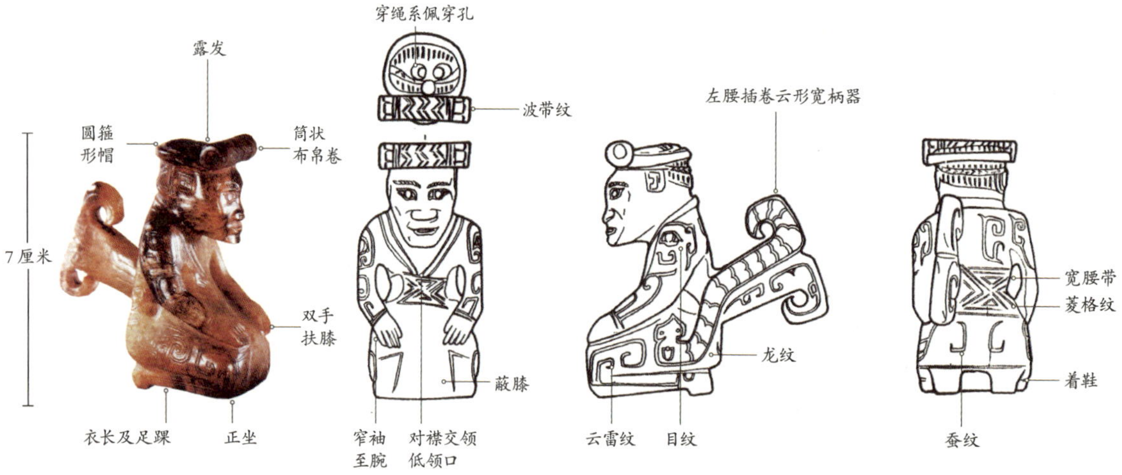

图 2–7 戴箍冠圆雕玉人像（河南安阳殷墟妇好墓出土）

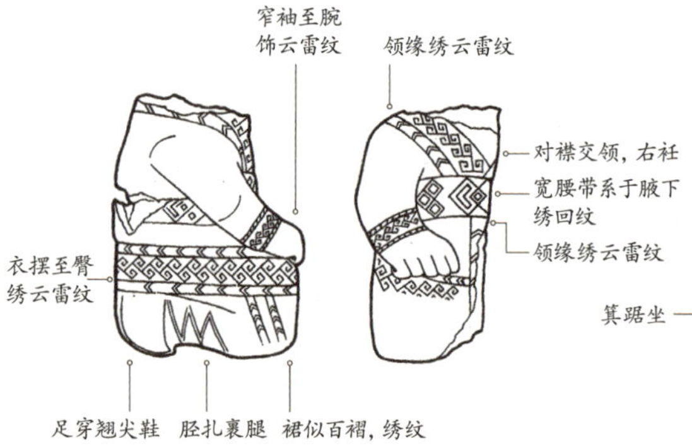

图 2–8 大理石圆雕人像的右半身残像（传河南安阳殷墟遗址出土）

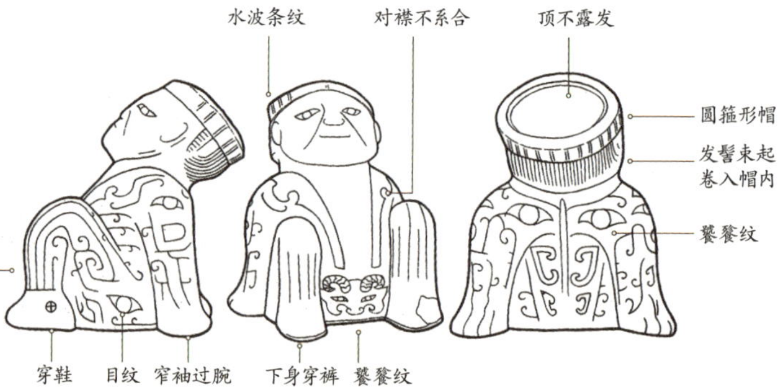

图 2–9 箕踞坐圆雕玉人像（河南安阳殷墟妇好墓出土）

大理石圆雕右半身残人像

传河南安阳殷墟遗址出土的大理石圆雕右半身残人像（图 2–8），上衣盖臀，交领右衽，腰束宽带，胫扎裹腿，足穿翘尖之鞋。上衣的领口、下摆、袖口、腰带处有云雷纹装饰。云雷纹是圆弧型卷曲（云纹）和方折回旋（雷纹）线条的统称，通常以四方连续或二方连续式展开。

箕踞坐圆雕玉人像

河南安阳殷墟妇好墓出土的箕踞坐圆雕玉人像（图 2–9），头上戴圆箍形頍，用以束发，身穿无纽对襟衣，衣上饰目纹、云纹，胯下饰饕餮纹（也称兽面纹）。其身体姿态极其放松（甚至是有失礼仪），可能是当时的贵族阶层。

圆雕石人立像

殷商普通贵族、奴隶主多穿无任何纹饰的衣、裳，下裳前片长至足上二十厘米处，后片掩足，腰间系带，如传河南安阳殷墓出土的圆雕石人立像（图2–10），石人双手拱置腰前，身着上衣下裳。上衣为交领右衽、窄袖；下裳前摆过膝，后裾齐足。裤微露，足着平底无跟圆口屦。腹下悬斧形“蔽膝”，皮革蔽膝称“袚”“韠”“鞸”，锦蔽膝称“韍”。

图 2–10 圆雕石人立像（传河南安阳殷墟墓出土，哈佛大学福格美术馆藏）

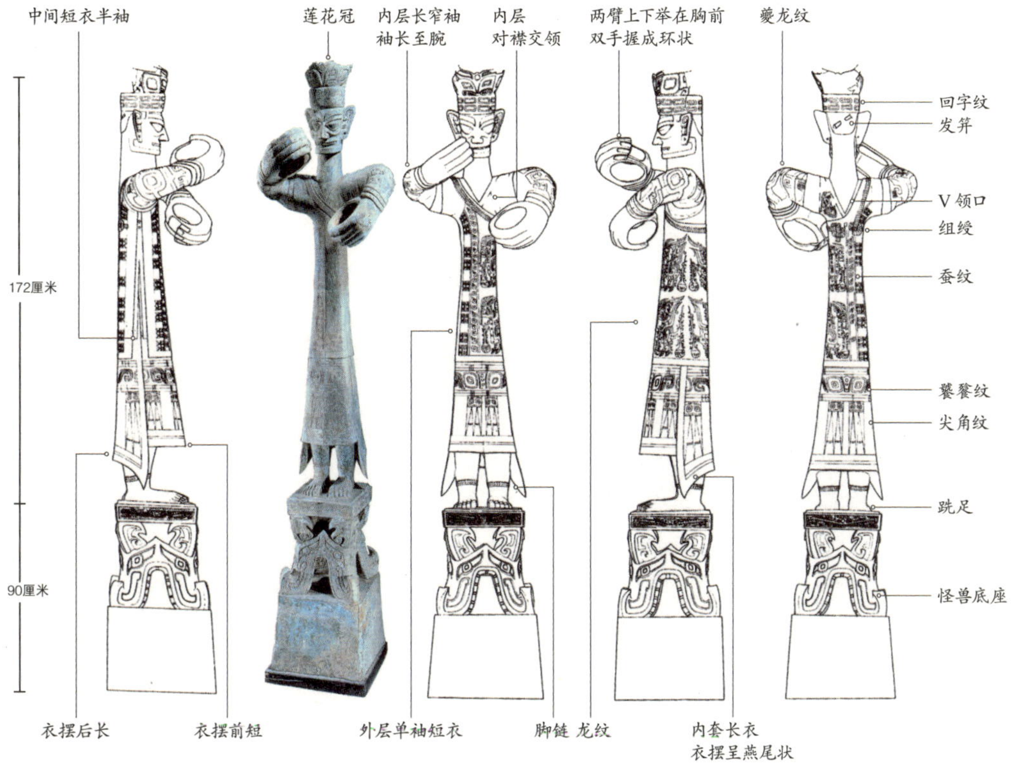

图 2–11 大型青铜立人像（四川广汉三星堆遗址出土）

大型青铜立人像

1986年四川广汉三星堆遗址出土的大型青铜立人像（图2–11），连座通高262厘米，人像高172厘米，大眼、直鼻、阔耳，头戴莲花状（代表日神）兽面纹和回字纹高冠。两臂一上一下举在胸前，双手握环状。人像服装共有内外三层套穿。最外层为单袖半臂式连肩衣，其外侧的前后两边各有竖行的两组纹饰图案，一组为横倒的蝉纹，另一组为虫纹和目纹（甲骨文和西周金文“蜀”字是由目和虫组成）相间的图案。衣左侧和背后有龙纹两组，每组为两条，呈“已”字相背状。中间一层为V形领、短袖。据推测，该铜像内穿上衣下裳的式样（也有学者认为是单袖齐膝长衣），下裳分前后两片：前片略短，露出小腿部；后片长至足踝，两侧摆角呈燕尾状，下垂近脚踝。其前后裾上有头戴锯齿形冠的兽面纹，脚戴镯，赤足立于兽面台座上。

发笄

随着生产水平的提高，社会贫富分化初显，手工业逐步从农业中分离出来，服饰也从遮蔽、保暖的物质需求，逐步向材料、质地、文化、等级和形制等方向发展。当束发在华夏先民中普遍流行时，发笄还成为了头部的装饰和身份的象征（图2-12～图2-14）。

在商代晚期墓葬中，随葬品的摆放大多具有特定的文化内涵，玉笄、骨笄、发箍等经常有规律地摆放在墓主人头部，为了解商代发式及发笄的组合方式提供了有益的参考（图2-15）。周代之后，受儒家“身体发肤受之父母”观念的影响，束发和交领右衽一同成为中华民族服饰的标志形象。

梳篦

除了固发用的发笄，梳篦也是中国古人理发的必备之物（图2-16～图2-19）。按照梳齿的密度，松齿的称“栉”，密齿的称“篦”。梳篦多为木制或竹制，也有以金、银、象牙、犀角、水晶、玳瑁、嵌玉镶珠等名贵物料制作而成。

中国古人使用梳子的历史，可以追溯到距今五六千年的新石器时代晚期。中国社会科学院考古研究所收藏的山西襄汾陶寺遗址1267号墓出土的短齿玉梳（图2-20），灰白色间绿斑，呈长方形。有11个很短的梳齿，两端琢成，齿端稍宽，薄刃，两侧斜直，顶端略外弧。这把玉梳出土于紧贴人头顶骨的部位。

图2-12 夔形头骨笄（河南安阳殷商妇好墓出土）

图2-13 鸟形头骨笄（河南安阳殷商妇好墓出土）

图2-14 方牌形头骨笄（河南安阳殷商妇好墓出土）

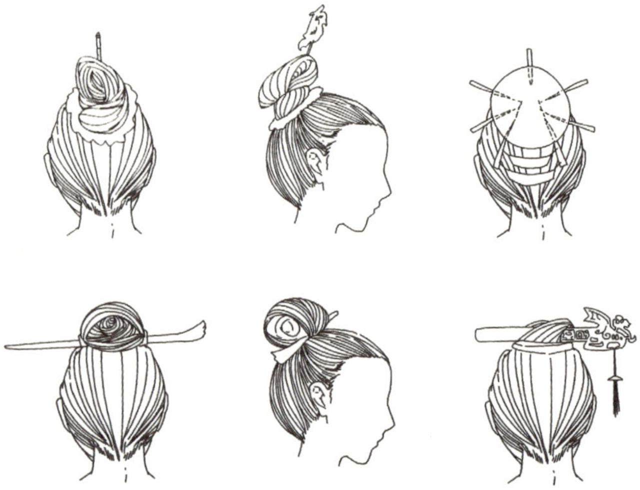

图2-15 商代女性发式及发笄簪插方式示意图

图2-16 透雕少女玉人佩（河南安阳殷墟妇好墓出土）

图2-17 对鹦鹉鸟首玉梳（河南安阳殷墟妇好墓出土）

图2-18 神人透雕梳背（浙江余杭反山良渚文化墓地出土）

图2-19 象牙梳（山东泰安大汶口新石器晚期墓出土）

图2-20 短齿玉梳（山西襄汾陶寺遗址1267号墓出土）

第三章　周代

西周：公元前 1046—公元前 771 年
东周：公元前 770—公元前 256 年

周朝存在约 800 年，从公元前 1046 到公元前 256 年，共传 30 代 37 王，分为西周和东周两个时期，为中国历代最长的王朝。西周建都镐京（今陕西西安附近），到公元前 771 年结束。第二年，周平王迁都洛邑（今河南洛阳），开始了东周的历史。东周又分为春秋与战国两个时期。

周王朝为了维护统治，推行了一整套包括冕服在内的维护统治阶级内部秩序的礼乐制度。冕服（图 3-1）由冕冠、上衣、下裳、舄等主体部分以及蔽膝、绶、带、佩等其他配件构成。冕服之制，传说殷商时期已有，至周定制规范，趋于完善，汉代以降，历代沿袭（图 3-2、图 3-3）。至清朝建立，废除汉族衣冠，冕服制度在中国随之终结，但冕服上特有的“十二章纹”自清乾隆时期起仍饰于皇帝礼服、吉服等服饰上。历史上除中国外，冕服在东亚地区的日本、朝鲜、越南等汉字文化圈国家中亦曾作为国君、储君等人的最高等级礼服。

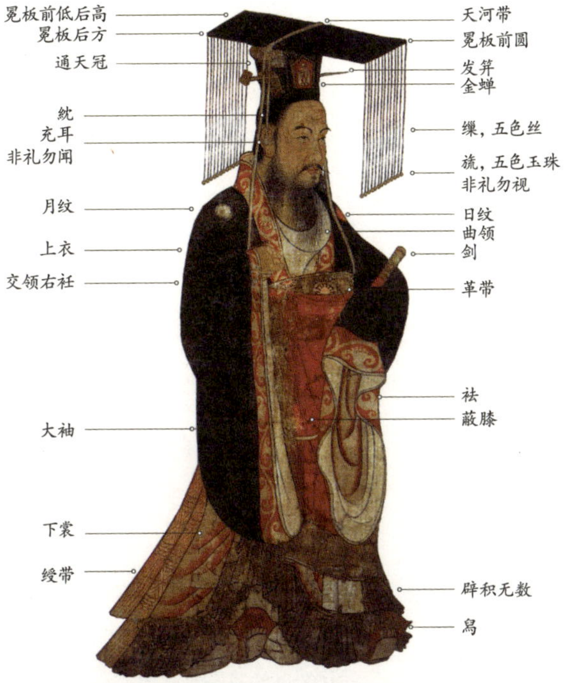

图 3-1　《历代帝王图》中身穿冕服的古代帝王像

图 3-2　汉代武梁祠画像石上的黄帝、帝舜

图 3-3　南宋《孝经图卷》中帝王百官穿冕服的场景

六冕

大裘冕，祭天时所穿以大裘为外衣的冕服，因祭天而称“大”；衮冕，祭先王时所穿以卷龙为首章的冕服；鷩冕，祭祀先王、飨射典礼时所穿以华虫为首章的冕服；毳冕，遥祭山川时所穿以有毳毛的虎蜼为首章的冕服；絺冕，小祀时所穿以粉米为首章的冕服；玄冕，祭社稷时所穿上衣无文（仅下裳施黻一章）的冕服。衮冕、鷩冕、毳冕、絺冕皆因首章得名，玄冕因上衣无章纹，随衣之玄色而得名。

被许可穿冕服的身份有天子、公、侯、伯、子、男、孤、卿、大夫等（图 3–4）。其中，唯有天子得以穿全六冕；公之服，衮冕以下；侯、伯之服，鷩冕以下；子、男之服，毳冕以下；孤之服，絺冕以下；卿、大夫之服，只有玄冕。

图 3–4 宋代《三礼图》中的六冕形象

图 3–5 冕冠（山东邹城明鲁荒王朱檀墓出土）

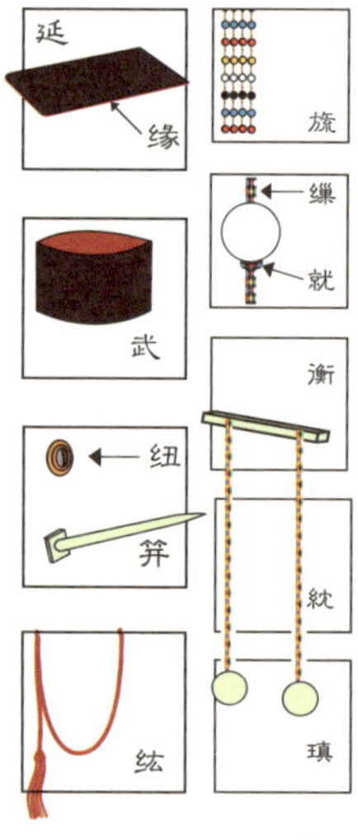

冕冠两旁垂两根彩色丝带，称『紞』；紞下悬系丸状玉石『瑱』，又名『充耳』，或悬黄色丝绵球，称『黈纩』，寓意非礼勿听。冕板下部有帽卷『武』，两侧各有一个对穿的小孔，用以贯穿玉笄，名『纽』。冠缨用一条，其一头系于笄首，另一头绕过颔下，再上系于笄的另一端。颔下则不系结，也无缨蕤垂下，称之为『纮』。

图 3–6 汉代冕冠示意图（贾玺增绘制）

冕冠

冕服因冕得名，冕冠的顶端有一长方形的冕板，被称为“延”或“綖”。其形状为前圆后方，象征天圆地方；其色为“上玄下纁”，以应天地之色。冕板前低后高，为“俛”形，寓意谦逊，故名冕冠；前后垂挂赤、青、黄、白、黑五色玉珠，称“旒”，寓意非礼勿视；穿旒的丝绳以五彩丝线编织，谓之“缫”或“藻”。冕旒数量是身份标志，十二旒为帝王专用（共 288 颗），以下分等级递减，诸侯九旒，上大夫七旒，下大夫五旒，士三旒。山东邹城明鲁荒王朱檀墓出土的冕冠（图 3–5）上悬挂九缫九旒，共 162 颗旒。汉代冕冠具体部位名称如笔者绘制的示意图（图 3–6）。

上衣

冕服上衣式样为交领右衽、博衣大袖。交领右衽是汉族服饰的基本特征和明显标志。其外观为左襟在上并压住右襟，使左右两衣领形成交叉状。其外观如英文字母“y”（图 3–7）。汉服右衽衣襟同时体现着阴阳生死的说法。衣襟向右掩视为阳，表示生的人；衣襟向左掩视为阴，表示故去的人。

下裳

冕服下裳（图 3–8）从远古人类的遮羞布演变而来。其形制特点有二：第一，裳为前后两片，这是男裳与女裙（一片式）的主要区别；第二，裳上有褶裥（辟积）无数。

图 3–7　明代《中东宫冠服》中的冕服上衣

图 3–8　明代《中东宫冠服》中的冕服下裳

图 3–9　明代《中东宫冠服》中的冕服蔽膝

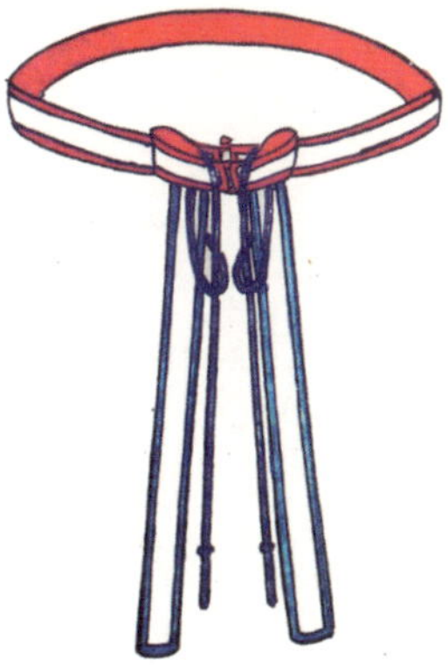

图 3–10　明代《中东宫冠服》中的大带

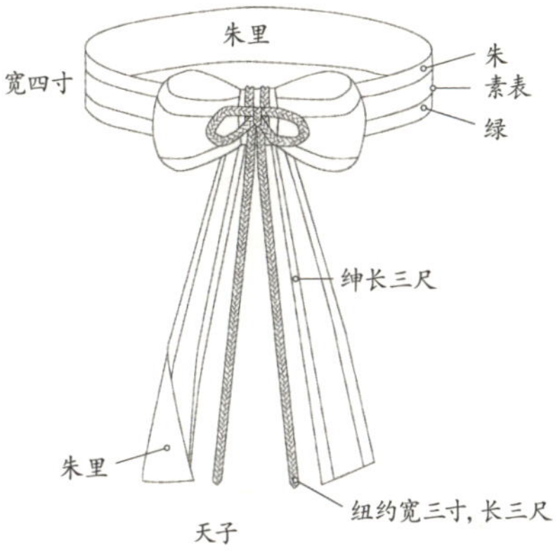

图 3–11　周代天子大带示意图

蔽膝

蔽膝是华夏祖先遮羞物的遗制，以熟皮或绢为之，意在尊祖。蔽膝在朝服中称为“韠”，在冕服中称韨、韍和芾（图 3–9）。根据古代的礼制，大夫以上才佩赤芾。天子用直，朱色，绘龙、火、山三章。上系于革带，悬垂于膝前。与女裙不同，蔽膝稍窄，且要长到能遮盖膝盖的部位，用在衣裳制礼服上要求与帷裳下缘齐平。在殷商时期出土的圆雕石人立像中，小腹之下的下裳前，多附一下广上狭形如斧形的蔽膝。东汉郑玄释其形曰“圆杀其下”。

大带

冕服所用腰带为大带（图 3–10、图 3–11）和革带。大带的功能是以长短、颜色区分系者的身份（大夫大带，宽为四寸；士之大带，宽为二寸；天子大带为素，朱色衬里，缘饰上以朱，下以绿）。大带的系束方式是由后绕向前，于腰前缚结。带子前面垂下的部分称“绅”，有“敬谨自约”之意，故大带又称“绅带”。革带是以皮革制成的腰带，古称“鞶带”或“鞶革”，作用是佩挂蔽膝，佩玉、绶和剑等。

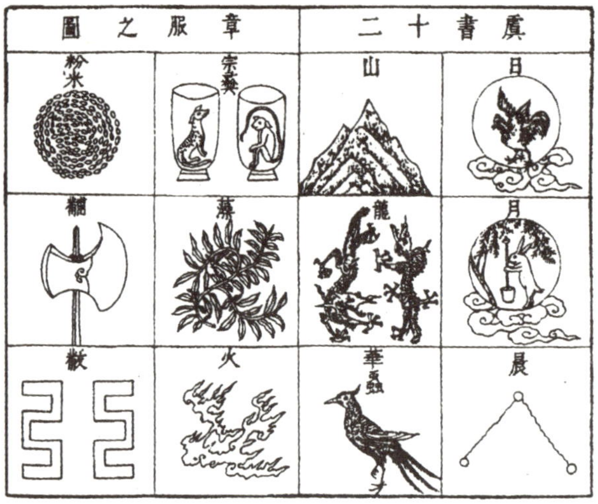

图 3-12 宋代《三礼图》中的十二章纹

图 3-13 清代龙袍上的十二章纹

十二章纹

“十二章纹”（图 3-12、图 3-13），即以十二种纹饰（取天数十二），或画、织、绣在冕服上。不同身份的人所施章纹数各有不同，即天子全备十二章；公用山以下之九章；侯、伯用华虫以下之七章；子、男用藻以下五章；卿大夫用粉米以下三章，章纹与冕服等级参见表在 3-1。

日、月、星辰，取其照临，代表三光照耀，象征着帝王皇恩浩荡，普照四方。日、月、星辰被分别施于帝王冕服的两肩和领被。因其代表的是天相，故为“天子”，即皇帝独用。

龙，取其应变，是一种神兽，变化多端，象征帝王们善于审时度势地处理国家大事和对人民的教诲。

山，取其稳重，代表着稳重性格，象征帝王能治理四方水土。

华虫，取其文理，象征王者要“文采昭著”。华虫即雉鸡，是五彩的鸟。

火，取其光明，象征帝王处理政务光明磊落。

宗彝，取虎之威猛和蜼之有智，遂有避不祥之意，亦表示不忘祖先。

藻，水藻，是隐花植物类，没有根、茎、叶等部分的区别，取其洁净，象征皇帝的品行冰清玉洁。

粉米，取其滋养，象征着皇帝给养着人民，安邦治国，重视农桑。

黼，左白右黑的斧行图案，取其决断，象征皇帝做事干练果敢、明断是非。

黻，两个半黑半青之色的相背“弓”字组成，取其明辨，代表帝王能明辨是非、知错就改、背恶向善的美德，隐含着君臣离合之意。黻纹在十二章纹中排位最低，因此用于衣领，这是人们最易见到的地方。

表 3-1 冕服之章目及章次（郑玄注）

种类	总章数	衣			裳		
衮冕	九章	五章	龙、山、华虫、火、宗彝	画	四章	藻、粉米、黼、黻	绣
鷩冕	七章	三章	华虫、火、宗彝		四章	藻、粉米、黼、黻	
毳冕	五章	三章	宗彝、藻、粉米		二章	黼、黻	
絺冕	三章	一章	粉米	刺绣	二章	黼、黻	
玄冕	一章	×	×	×	一章	黻	

冕服上十二章纹的使用反映了中国古人“万物服体”的思想观念。远古的原始社会在未产生掌管一切的至上神时，总是把这些自然物和自然力看成有生命、意志和伟大力量的对象而加以崇拜。

君士四弁

在周代礼仪服饰制度中，祭祀场合之外，还有以弁为冠、上衣下裳制的礼服（图3-14）。其穿用等级仅次于冕服。《周礼·春官·司服》：“凡兵事，韦弁服；眡朝，则皮弁服。凡甸，冠弁服。凡凶事，服弁服。”爵弁是身份比冕服等级略低的礼冠，即《周礼·春官·司服》：“凡服尊卑之次，系于冠，冕服为上，弁服次之，冠服为下。”爵弁服是古代士助君祭时的服装，也是士的最高等的服装。皮弁服（图3-15、图3-16）是周代天子视朝、郊天、巡牲、朝宾射礼等场合穿的服装，又为诸侯朝见帝王、视朔及田猎时穿的服装。韦弁服是周天子军事时穿用的戎服（图3-17）。冠弁服是周代天子田猎之服，古以田猎习兵事。

图3-14 宋代《三礼图》中的爵弁服、皮弁服、韦弁服、冠弁服

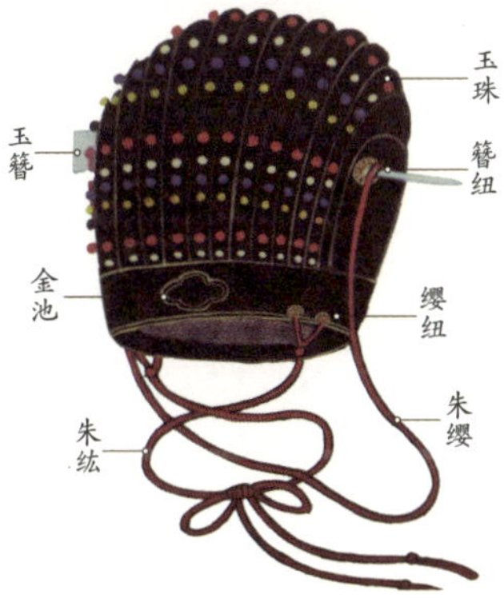

图3-15 明代《中东宫冠服》中的皮弁

图3-16 《历代帝王图》中的南朝末陈后主画像

图3-17 《历代帝王图》中的隋炀帝画像

命妇六服

周代王后及命妇的礼服（朝服和祭服）与帝王和群臣的六种冕服、四种弁服相对应的是六服制度，《周礼·天官·内司服》载：“掌王后之六服：袆衣、揄狄（翟）、阙狄（翟）、鞠衣、禮衣、褖衣。”其中，袆衣、揄狄、阙狄统称“三翟”，为祭服；鞠衣、禮衣、褖衣统称“三衣”，为公服和常服。均剪帛为翟（野鸡）形，上施彩绘，缝缀于衣以为纹饰。此外，六服衣式均为上下连属的一部式服装，喻女德专一。夹里衬以白色纱縠，以便显示出衣纹色彩。帝后六服皆为丝质，仅在衣的用色和纹饰上有所区别（图 3–18）。

在中国传统文化中，玄色为天色，其色至尊，故以袆衣为玄色。余下五服色以青、赤、黄、白、黑为序，是根据五行相生之色。

除了服饰，周代后妃及命妇发式和装饰品亦相当丰富。《周礼·天官》记载：“追师：掌王后之首服。为副、编、次、追、衡、笄。”其中以副为最盛饰，编和次次之。所谓副是在头上加戴假发和全副华丽的首饰，编是在加戴假发的基础上加一些首饰，次是把原有的头发梳编打扮使之美化。追是动词，衡和笄是约发用的饰品，追衡笄是指在头发上插上约发用的衡和笄。也有人把“追”解释为玉石饰物，“衡”是悬于耳朵两旁的饰物，笄贯于发髻之中（图 3–19）。此外，王后及内外命妇的足服：凡祭服皆为舄，余服以履，色皆随裳色。

图 3–19　河南打虎亭汉墓壁画中头戴大手髻、步摇、花钿的女性形象

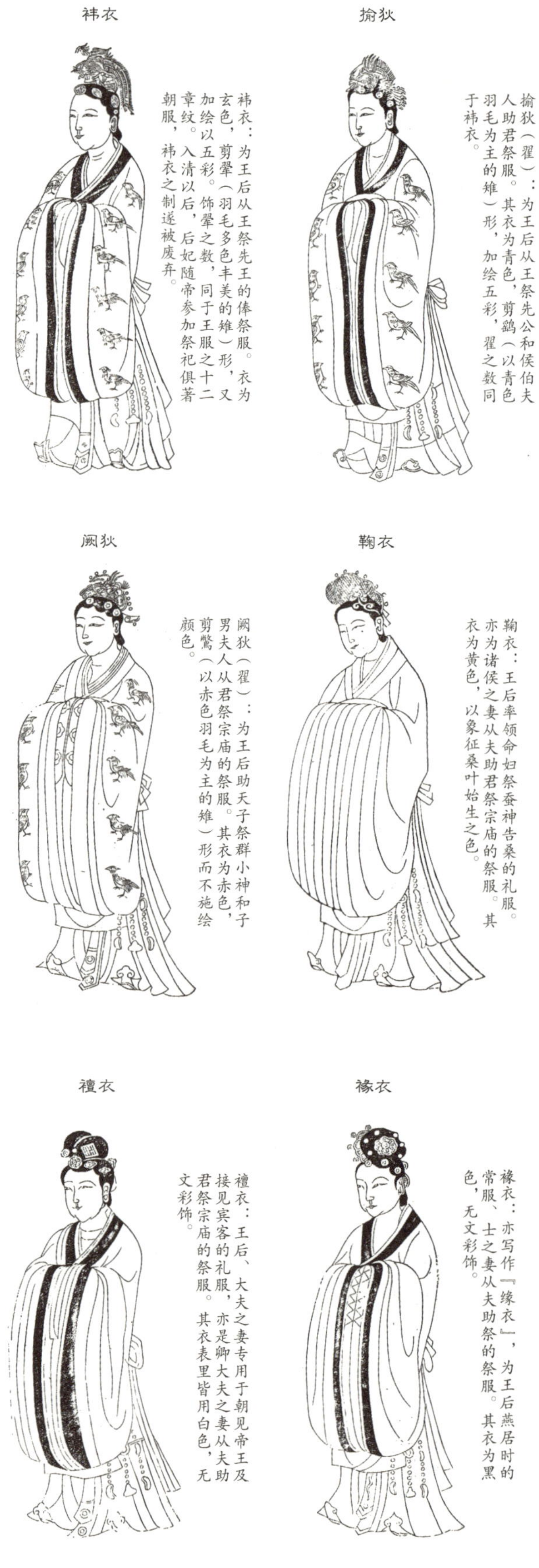

图 3–18　宋代《三礼图》中的王后六服

玄端

玄端，亦称元端，为周代的法制服装（图3–20）。上自天子下至士人，皆可服之。天子以玄端为斋服及燕居之服；诸侯则以此服祭宗庙；大夫、士朝飧、入庙、朝见父母时服玄端（夕祭则服深衣）。玄端的剪裁方正平直，又因黑色无纹饰（同皮弁服），故名。其实物如《历代帝王图》中隋炀帝所穿的黑色上衣（见图3–17）。

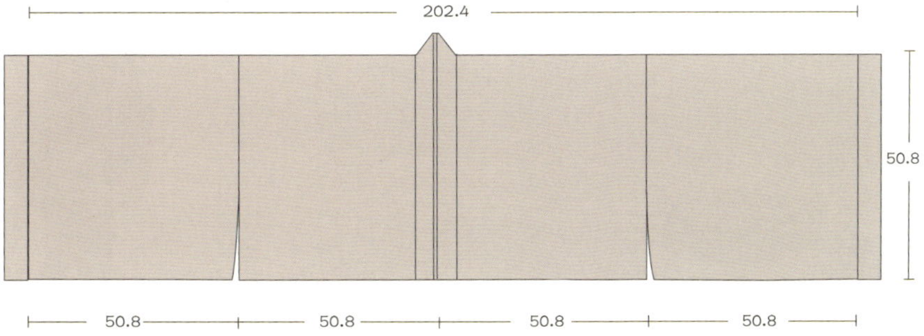

与玄端相配的首服是『委貌冠』，其形制和冠饰同皮弁类似，只是不用白鹿皮，而用玄色缯、绢制成。

图3–20　玄端款式图（贾玺增绘制）

深衣

战国时期，以赵武灵王“胡服骑射”为标志，华夏服装经历了历史上的第一次大变革。衣裳相连的“深衣”成为此次变革的标志成果。它既保留了华夏民族上衣下裳的服装传统，又兼具了穿着简单、活动便捷的优点，更体现了朝之礼齐备隆重、夕之礼简便朴素的着装观念，进而成为战国至汉代时期，人们穿用最多、流行最广泛的服装式样。

深衣的用途非常广泛。正如《礼记·深衣》中的记述：“故可以为文，可以为武，可以摈相，可以治军旅。完且弗费，善衣之次也。”深衣为士以上阶层的常服和吉服（较朝、祭服次等服饰），也是庶人的祭服。深衣长度在足踝间，所谓“长毋被土”。

图3–21　“人物御龙”帛画（湖南长沙子弹库楚墓出土）

图3–22　战国晚期人擎铜灯（湖北荆门包山二号墓出土）

图 3-23　战国铜人灯座（河北平山出土）

图 3-24　西周人形铜车辖（河南洛阳北瑶庞家沟出土）

图 3-25　带钩执烛青铜人像（河北易县燕下都遗址出土）

图 3-26　战国跽坐人漆绘铜灯（河南三门峡上村岭出土）

图 3-27　战国中晚期人擎铜灯（湖北枣阳九连墩战国楚墓一号墓出土）

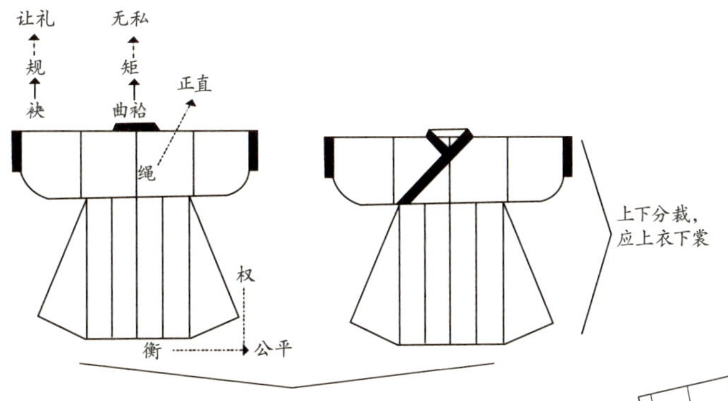

图 3-28　深衣中的文化象征（贾玺增绘制）

图 3-29　素纱绵袍 N1 和裁剪示意图（湖北江陵马山楚墓出土）

战国时期深衣左侧衣襟设“曲裾”，即将衣襟接长，向身后斜裹，这样既不妨碍迈步，又可遮住下身。虽然是男女同服，但男装深衣与女装深衣在剪裁结构上已有所区别。男子深衣曲裾较短，只向身后斜掩一层，女装深衣曲裾较长，可向身后缠绕数层。其形象如湖南长沙子弹库楚墓出土的“人物御龙”帛画（图 3–21）、湖北荆门包山二号墓出土的战国晚期人擎铜灯（图 3–22）、河北平山出土的战国铜人灯座（图 3–23）、河南洛阳北瑶庞家沟出土的西周人形铜车辖（图 3–24）、河北易县燕下都遗址出土的带钩执烛青铜人像（图 3–25）、河南三门峡上村岭出土的战国跽坐人漆绘铜灯（图 3–26）、湖北枣阳九连墩战国楚墓一号墓出土的战国中晚期人擎铜灯（图 3–27）。在这些庞杂的线索中，我们不难发现，深衣的存续时间，跨越了春秋战国至汉代，地域分布遍及东西南北，不分贵贱和性别。

受儒家文化浸染，深衣被赋予了丰富的文化内涵，《礼记・深衣》记载：“古者深衣，盖有制度以应规、矩、绳、权、衡……制十有二幅，以应十有二月。袂圆以应规，曲袷如矩以应方，负绳及踝以应直，下齐如权衡以应平。故规者，行举手以为容，负绳抱方者以直其政，方其义也……下齐如权衡者，以安志而平心也。五法已施，故圣人服之。故规矩取其无私，绳取其直，权衡取其平，故先王贵之。”所谓“袂圆以应规”，即衣袖作圆形以与圆规相应，象征举手行揖让礼的容姿；“曲袷如矩以应方”，即衣领如同矩形以与正方相应，象征公正无私；“负绳及踝以应直”，即衣背的中缝长到脚后跟以与垂直相应，象征正直；“下齐如权衡以应平”，即下摆齐平如秤锤和秤杆以代表权衡而象征公平（图 3–28）。

上下分裁是深衣最显著的裁剪方式。儒家典籍称，深衣上下分裁的形制有尊古复古的象征。这是对冕服上衣下裳形制的简化与继承。1982 年湖北荆州江陵马山一号楚墓中出土了 7 件保存相对完整的深衣，均为上下分裁式样，如图 3–29 所示的素纱锦袍 N1。这件素纱单衣的裁制方式与众不同。首先，其领缘和袖口缘饰为由斜裁方法制成的“斜条”。领缘采用“斜条”能够增加领口的舒适度和贴体度。其次，素纱绵袍 N1 上身衣片的拼缝线与腰线呈 15 度夹角。考察实物可知，素纱绵袍 N1 的上衣是由 8 片（身 4 片、袖 4 片）正裁的素绢衣片缝制而成。

裁剪

第一种：分片式

分片式剪裁流行于汉代之前。由于织机的限制，织造出来的布帛的幅宽较窄，无法纺织出足够整片制衣的宽大织物，所以当时的服装要采用多片缝制的方法。其实物如湖北江陵马山楚墓出土的小菱形纹锦面绵袍N15（图3–30）。从深衣式样中，我们不仅能够看到古人高超的缝制技术，还能够体会到中国古人将纺织技术的局限转变成一种文化理由的智慧。

第二种：对幅式

汉代以降，服装的剪裁主要以对幅式为主。它的特点是以前后身中心线和肩袖水平线构成十字形对幅式剪裁结构。其特点是以两幅织物平铺，对称裁剪出衣身轮廓，相继形成衣身的主要部分。袖子部分在衣身到50厘米处再添加一幅布料形成。在衣、袍的前身部分，左右衣襟需再添一幅布料，形成左右相掩的左外片和右内片，继而形成全部的外襟和内襟。

图3–30　小菱形纹锦面绵袍N15（湖北江陵马山楚墓出土）

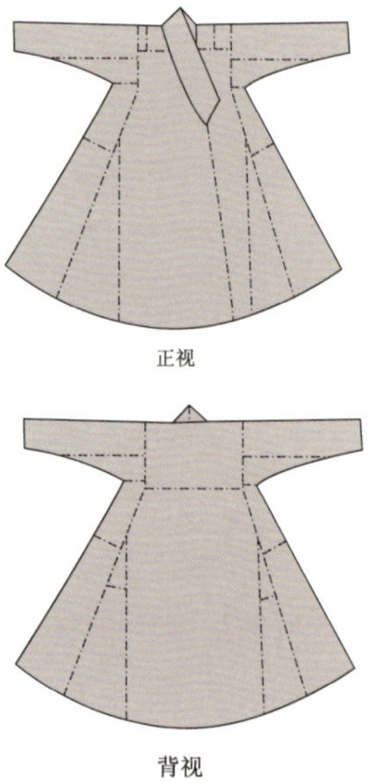

图3–31　雁衔绶带锦袍（内蒙古钦塔拉辽墓出土）

图3–32　明代柿蒂形过肩龙纹袍服面料

第三种：中幅式

中幅式裁剪是将一幅独窠图案织物作为衣服后背的主体，而前面的整幅织物则在中间裁开，分别作为外右片和内左片，再由其他织物补上外左片和内右片，然后再向两边扩展。中幅式裁剪法的实例如内蒙古钦塔拉辽墓出土的雁衔绶带锦袍（图3–31）。

第四种：织成式

织成式裁剪是指按照衣片大小、裁片结构和纹样位置直接织成服装面料（即“织成料”）（图3–32），再将衣料进行裁缝的制衣方式。旧有的小花楼、帘式花本的织机这时就由于“织成龙袍料”织造的特殊要求而进行了改进。

衣缘

古人所穿袍服大多有衣缘，其色与衣色异，镶缝在领、袖、襟、裾的边沿，即所谓的“衣作绣，锦为缘。”在战国至汉代的服饰文化体系里，深衣缘边亦是重要的信息识别符号，《礼记·深衣》载：“具父母、大父母，衣纯以缋；具父母，衣纯以青。如孤子，衣纯以素。”其含义是说，如果穿者的父母、祖父母都健在，可穿带花纹缘饰的深衣；父母健在，可穿青边缘饰的深衣；如果是孤子，仅能穿镶白边缘饰的深衣。其具体形制如湖北江陵马山一号楚墓出土的凤鸟花卉纹绣浅黄绢面绵袍N10（图3-33）中衣领外侧的纬花车马人物驰猎猛兽纹缘边（图3-34、图3-35），纹样由四个菱形组成，排列成上下两行。上行的两个菱形内的图案内容是相互联系的。右上方的图案是二人乘一辆田车正在向前追逐猎物的侧视图。车上二人，外侧后部为御者，跽坐，着钴蓝色衣，系红棕色腰带，头部似戴兜鍪，手前伸，作驾马状。内侧一人位于前部，似为射猎的贵族，立乘，着土黄色衣，似戴兜鍪，右手持弓，左手作放箭状。车后有旌旗。左上方有象征山丘的菱形纹。山前有一只奔鹿仓惶逃命，箭矢从身旁掠过；奔鹿后面的一兽被射中倒卧。下行两个菱形图案都是武士搏兽图。右下方的图案是武士搏虎图。武士头戴长尾兜鍪，一手执盾，一手执长剑。上下两行图案相互呼应，组成一幅气氛热烈紧张、场面广阔的古代植物纹射猎图。

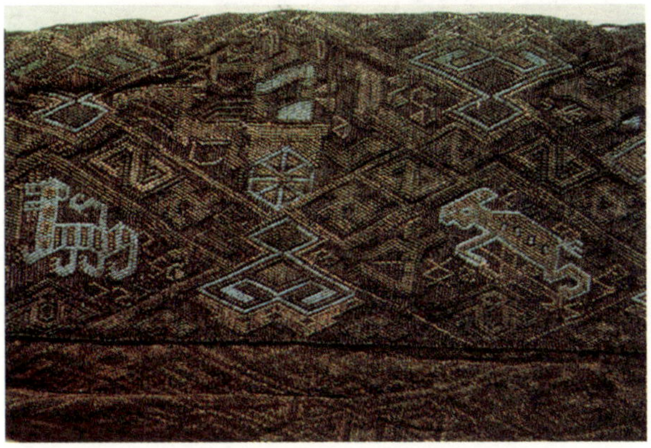

图3-34　绵袍N10领外缘上的纬花车马人物驰猎猛兽纹

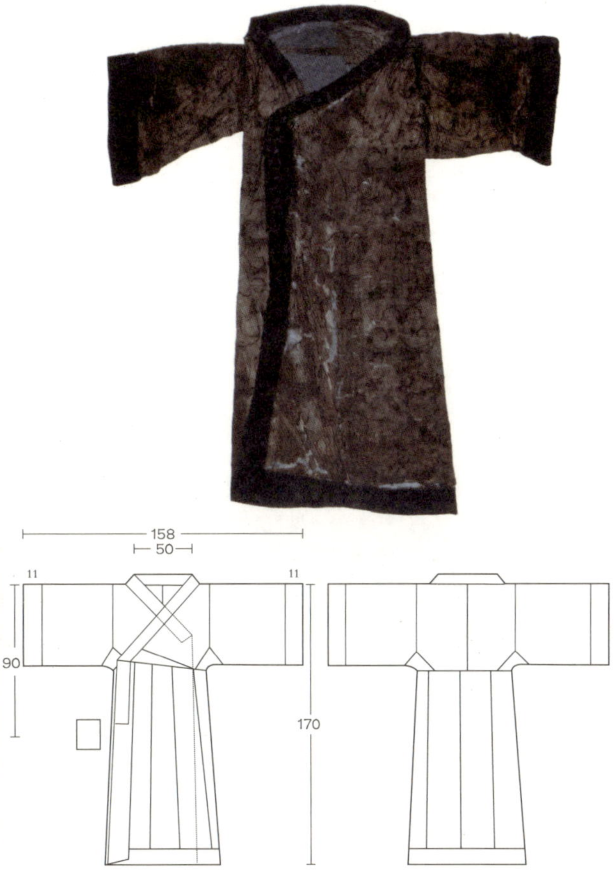

图3-33　凤鸟花卉纹绣浅黄绢面绵袍N10（湖北江陵马山一号楚墓出土）

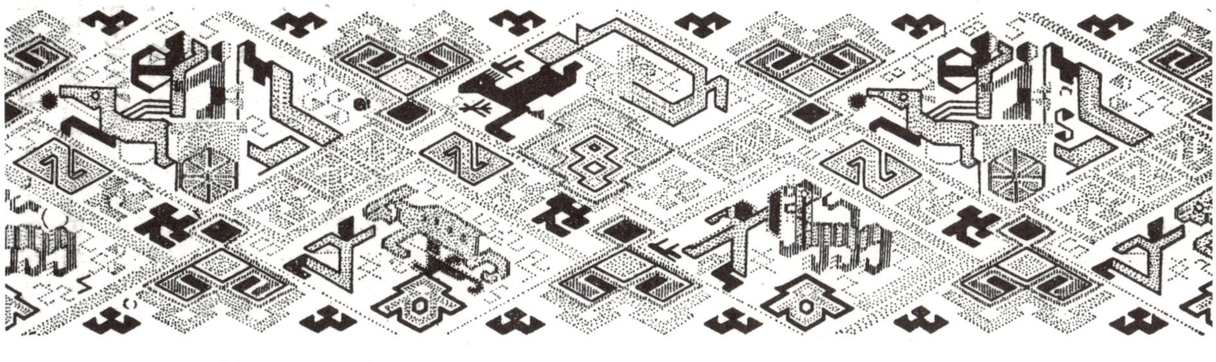

图3-35　绵袍N10上的纬花车马人物驰猎猛兽纹

图 3-36 蟠龙飞凤纹绣面衾复原

蟠龙飞凤

春秋战国时期的丝绸纹样，除龙凤、动物、几何纹等传统题材外，写实与变形相结合的穿枝花草、藤蔓纹也是具有时代特征的新题材。此时的中国古代纹样多为动物纹，魏晋时期随佛教传播，植物纹才开始流行。在湖北江陵马山楚墓出土的刺绣纹样以写实与变形相结合的花草、藤蔓和活泼而富于浪漫色彩的鸟兽纹穿插结合。有的彼此缠叠，有的写实体与变形体共存，有的数种或数个动物合成一体，有的动物体与植物体共生。

蟠龙飞凤纹绣面衾（图 3-36），衾面由 25 片不同花纹的绣绢拼成，正中是由 23 片绣绢缀成的蟠龙飞凤纹。该件绣品上部采用 S 形的对龙作为主题，口衔一条龙尾，下部是高冠展翅的斜立对凤，凤下处有一条小龙。在对龙之间，是表现太阳的扶桑树。华丽的凤冠和凤翅构成了整幅图案，犹如菱形骨架，使图案的布局满而不乱。锁绣针法发挥到了极致，凤冠凤翅以单行锁绣铺列，其他地方则用深浅色满铺针法。色彩有棕红、深红、土黄、浅黄。

图 3-37 龙凤虎纹

图 3-38 龙凤虎纹绣罗禪衣

龙凤虎纹

龙凤虎纹绣罗禪衣（图 3-37、图 3-38），绣地为灰白色素罗，针法为锁绣，绣线色彩有红棕、棕、黄绿、土黄、橘红、黑、灰。花纹一侧是一只头顶花冠的凤鸟，它双翅张开，足踏小龙；另一侧是一只斑斓猛虎，扑逐大龙，大龙作抵御状。猛虎造型简练，矫健生动，是花纹中最突出的部分。

穿枝花草、藤蔓和活泼而富于浪漫色彩的鸟兽动物纹穿插结合，顺着图案骨骼、矩形骨骼、菱形骨骼、对角线骨骼铺开生长，起着“非作用性骨骼”（不显露的几何骨骼）的作用。这些花草枝蔓穿插灵活，有时顺着骨骼线反复连续，有时突然中转隔断，有时作左右对称连续，有时作上下对称连续，有时则按上下左右错开二分之一的位置作移位对称连续。

冠礼

随着周代礼仪制度的不断完善，首服的社会功能被不断强化。据《仪礼・士冠礼》和《礼记・冠义》记载，贵族男子到了20岁时，需举行象征成年的冠礼（图3–39）。冠礼仪程由筮卜吉日开始，定了日期后，冠者的父兄须邀请来宾作为青年成人的见证者。冠礼由冠礼者的父亲主持，由指定的贵宾为其加冠三次。初加缁布冠（图3–40），象征将涉入治理人事的事务，即拥有人治权；再加皮弁（图3–41），象征将介入兵事，拥有兵权，所以加皮弁的同时往往佩剑；三加爵弁（图3–42），拥有祭祀权，即为社会地位的最高层次。

图3–39 电视剧《秀丽江山之长歌行》中戴爵弁的画面

笄礼

据《仪礼》记载，周代女子年满15岁就被看作成人。在此之前，她们的发式大多为丫髻，还没有插笄的必要。到15岁时，如果已经许嫁，便可如成年女子一样梳发挽髻了。这时就需要使用发笄，故此，古时称女孩成年为“及笄”。如果女孩没有许嫁，到20岁时也要举行笄礼，由一个妇人给及龄女子梳一个发髻，插上一支笄，礼后再取下。周代女子绾髻插笄的样子如河南光山春秋墓女墓主发髻上所插的两支木笄（图3–43）。

冠者换玄端服，分别为：缁布衣（黑色）、玄裳、爵韠。

图3–40 缁布冠

冠者服白色裳、白色蔽膝。

图3–41 皮弁

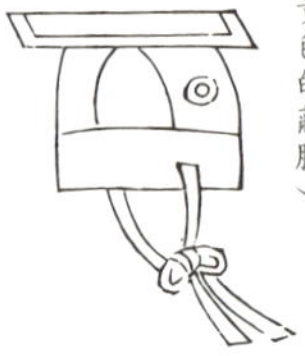

冠者服纯衣（丝衣）、纁裳（浅红色的裳）、韎韐（赤黄色的蔽膝）。

图3–42 爵弁

图3–43 河南光山春秋墓女墓主发髻上斜插两根木笄

佩玉

礼贯穿于周代社会的各个方面，而玉成为实现礼的一个重要手段。当时贵族服装上都有玉饰，所谓“君子佩玉”，玉饰是贵族身份不可缺少的标识。如湖北江陵马山一号楚墓出土的木俑身上佩挂了很长的组玉佩（图3–44）。其实物如山西曲沃北赵村92号墓出土的西周组玉佩（图3–45）。

《礼记・聘义》中把玉概括为仁、智、义、礼、乐、忠、信、天、地、德、道，共十一德。通过对玉自然属性的分析，把玉的表象和本质特征与儒家道德观念紧密结合在一起，从而阐明了玉器人格化的概念。

组玉的佩戴还有为君子“节步”之用。君子行走，步子不能太快，不能太慢，要快慢适度，迟速有节，从而使得组玉佩发出愉悦的鸣响；如果君子行步匆忙，步履慌乱，组玉佩则会相互碰撞而发出杂音。

图3–44 木俑（湖北江陵马山一号楚墓出土）

西周组玉佩主要由珩、璜、冲牙、瑀、琚、瑸珠组成。其上为磬状“珩”，两侧系组绶，各垂半壁形而内向的“璜”。中组贯一球状的“瑀”，下垂新月形俯状的“冲牙”。西周和东周两个时期的组佩的主要构件也不同，西周是璜，东周为珩。

图3–45 西周组玉佩（山西曲沃北赵村92号墓出土）

发笄

相对骨笄、木笄的朴实与大众化，以金（图3-46）和玉制作的笄则因材料的稀缺性和制作的复杂性而更显佩戴者的尊贵。

汉代刘熙《释名·释首饰》云：“笄，系也。所以系冠，使不坠地也。”商代玉笄（图3-47、图3-48）制作已很精美。出于装饰需要，人们多在笄头上镂刻精美的鸟首或饕餮等装饰纹样。在中国玉笄实物中，最精致的应属山东临朐朱封墓M202出土的一件墨绿色玉笄（图3-49）。同墓出土的另一件玉笄（图3-50），长10.3厘米，呈半透明乳白色。笄首部琢成卷云形，卷云两侧和下部笄杆上共浮雕三个人面像，极其罕见。

为了制作方便和装饰需要，笄身与笄首一般分制，笄身插入笄首合装后使用（图3-51）。

图3-46 金笄（北京平谷刘家河商代墓出土）

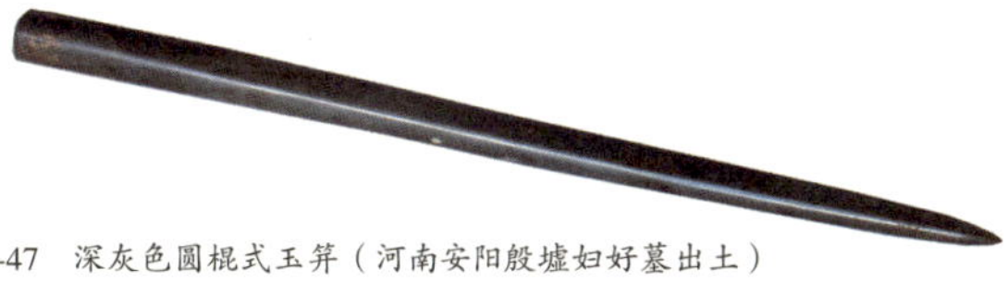

图3-47 深灰色圆棍式玉笄（河南安阳殷墟妇好墓出土）

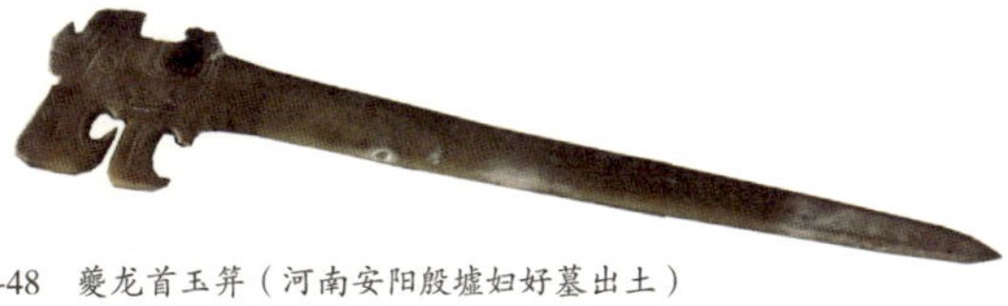

图3-48 夔龙首玉笄（河南安阳殷墟妇好墓出土）

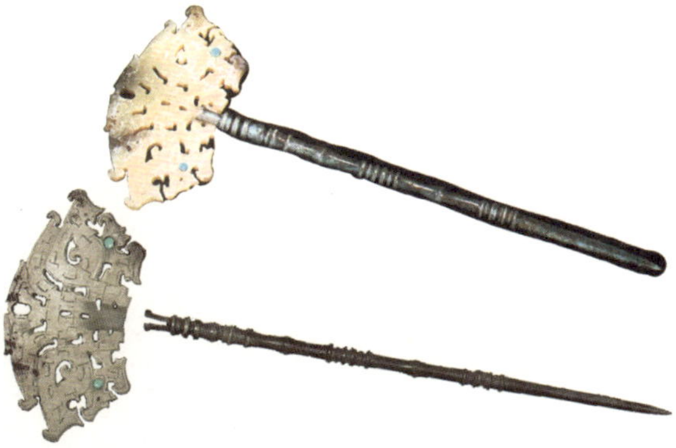

图3-49 玉笄（山东临朐朱封墓M202出土）

图3-51 春秋白玉笄（河南淅川下寺楚国墓出土）

图3-50 白玉笄（山东临朐朱封墓M202出土）

丧服

丧服，为哀悼死者而穿的服装。其冠、衣、裳、履皆取白色，以粗为序（生麻布、熟麻布、粗白布、细白布），不以色辨。自周代已有五服制度：斩衰、齐衰、大功、小功、缌麻。其中斩衰最上，用于重丧，取最粗的生麻布制作，不缉边缝，出殡时披在胸前。女子还须加用丧髻（髻系丧带），俗称披麻戴孝。出席葬礼者，穿着丧服要根据与死者血缘关系的亲疏和距死者去世时间的远近选择服用等级（图3-52）。

图3-52 中国古代丧服图

裘衣

带了周代，裘衣的制作成为一项专业性很强的产业。从周朝政府所设的“金、玉、皮、工、石”五个官职类别来看，毛皮已成为人们日常生活不可缺少的一部分。此外，政府部门还专门设有兽人、麇人、冥氏、穴氏等职位，负责用不同方法敛皮；设“掌皮”负责加工皮毛，即“治皮”；设“司裘”负责制作裘衣（图 3–53）。

中国古人使用皮料种类已非常丰富，如羊、狐、虎、狼、狸、犬、黑貂（紫貂）皮等。在裘皮中，以羊皮和狐皮的使用最多。宋代马麟画《道统五赞像·伏羲像》中的伏羲氏散发披肩，身穿羊皮衣和鹿皮裤，目光深沉睿智，一派远古风范（图 3–54）。东汉代班固《白虎通义》中称“狐死首丘，羊羔跪乳。”其含义是指狐狸死的时候，头必向着出生的山丘，而羊羔喝母乳的时候，要跪下来喝（图 3–55）。可见用这两种动物的皮毛做服装很符合当时的儒家思想所提倡的“孝义”。当然，这是一种道德上的附会，实际情况是因为古代羊皮和狐皮比较容易获取和加工。羊一般有膻气，所以多用乳羊的皮。宋代《礼书·裘衣图》收录了宋代羔裘、黼裘、狐白裘、狐青裘、豹裘等裘衣款式（图 3–56）。

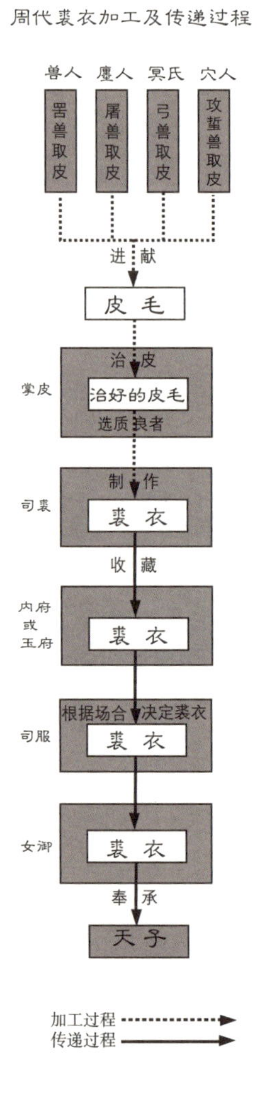

图 3–53 周代裘皮制作过程

图 3–54 宋代马麟绘《道统五赞像·伏羲像》

图 3–55 羊羔跪乳

图 3–56 宋代《礼书·裘衣图》

礼乐

周朝统治者非常重视乐舞礼仪，不但注意发挥乐舞“通神”的作用，而且更加重视乐舞“治人”的作用，充分发挥音乐舞蹈的社会功能。

从周公“制礼作乐”开始，乐舞就被当作了“载道”的手段，发挥着政治作用。乐舞被纳入了“礼治”体系，成为“乐治”工具，用以纪功德、祀神祇、成教化、助人伦。北京故宫博物院藏战国宴乐渔猎攻占纹青铜壶上的纹样描绘了战国时期的乐舞场面。花纹从口至圈足分段分区布置（图 3–57）。以双铺首环耳为中心，前后中线为界，分为两部分，形成完全对称的相同画面。自口下至圈足，被五条斜角云纹带划分为四区。宴乐渔猎壶颈部为第一区，上下两层，左右分为两组，主要表现采桑、射礼活动。第二区右侧是宴飨场景。宴会主人坐在厅堂上，身边站立手持铜戈的护卫，宾客站起身来，端杯敬酒。第二区左面一组为射猎场景，鸟兽鱼鳖或飞、或立、或游，四人仰身拉弓弋射向天空群鸟，一人立于船上亦持弓作射状。箭杆用生丝线系住，时称“缴”。第三区为水陆攻战，左边是水战，右边是攻城战。第四区采用了垂叶纹装饰，给人以敦厚而稳重的感觉。

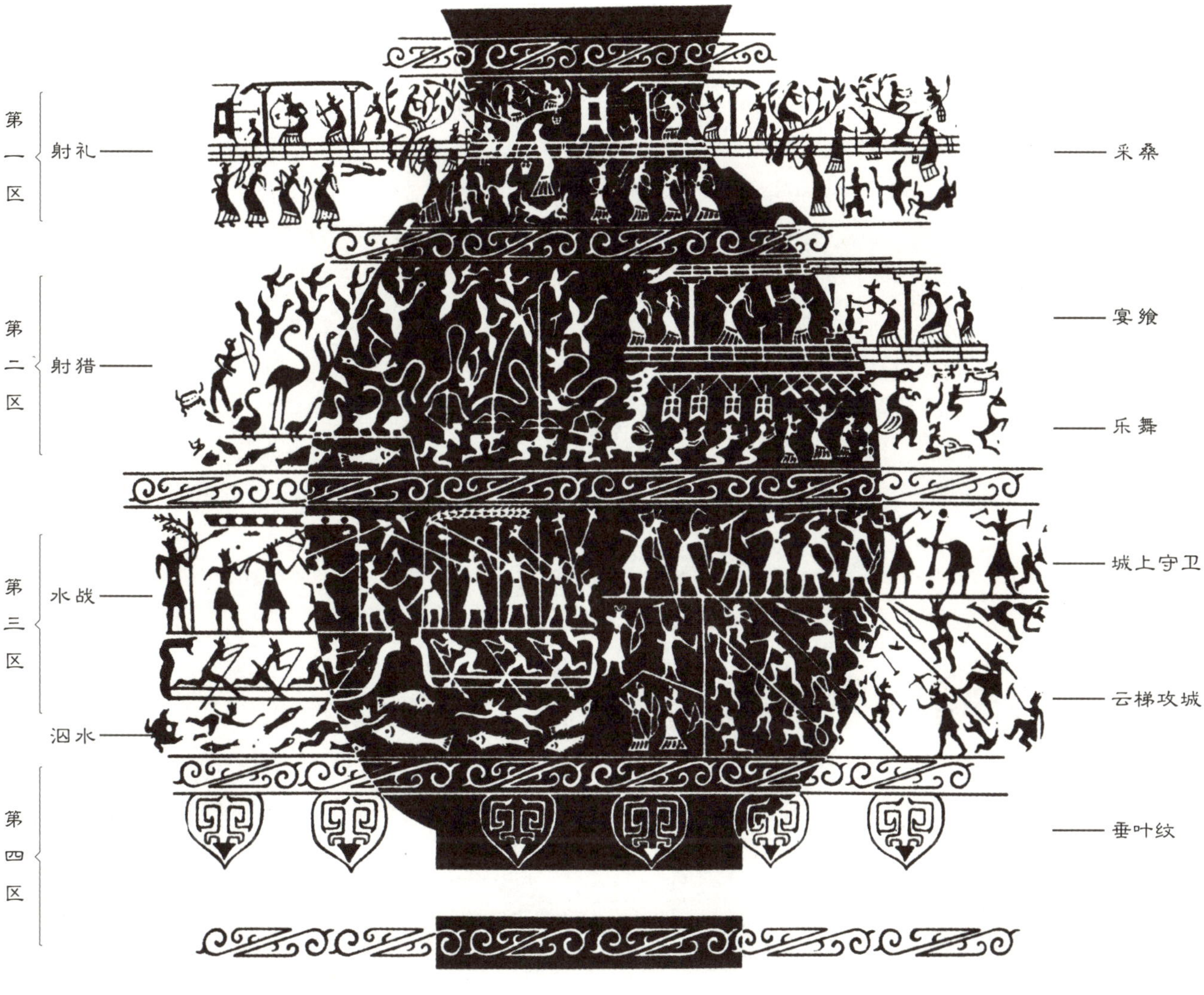

图 3–57　宴乐渔猎攻占纹青铜壶纹样

第四章　秦汉

秦代：公元前 221—公元前 207 年
西汉：公元前 206—公元前 8 年
东汉：25—220 年

公元前 221 年，秦始皇灭六国，结束诸侯割据的局面，也改变了“田畴异亩，车涂异轨，律令异法”的局面，并以“六王毕，四海一”的政治决心，推行“书同文，车同轨，兼收六国车旗服御”等措施，实现了我国第一次民族文化大融合。尽管功绩卓著，但凭恃武力，秦朝的统治仅维持了 15 年。

西汉初年，汉高祖刘邦加强中央集权，先后灭六国异姓王，稳定和巩固了中央政府的统治。随后，又经数十年的休养生息，在武帝时代，凭借文治思想，建全、完善了政府制度，奠定了坚实的经济基础和社会组织。

永平二年（公元 59 年）正月，祀光武帝明堂位时，明帝及公卿诸侯首次穿着冠冕衣裳举行祭礼，成为中国封建社会以皇权地位为中心的儒家学说衣冠制度在中国得以全面贯彻执行的开端。

五时色

汉武帝时，汉朝政府罢黜百家，独尊儒术，与法家相佐，杂糅阴阳五行，发展出外儒内法的治国原则。为了抬高君权，儒家学说突出了“五行”和“五方”中“土居中央”的观点，把土说成是一切元素的根本（图 4–1）。因天子统一天下，代表了天下各方的颜色，所以要求天子服装颜色须按季节不同而变换（图 4–2），即“孟春穿青色，孟夏穿赤色，季夏穿黄色，孟秋穿白色，孟冬穿黑色。”

帝后服饰

据《后汉书·舆服制》规定，汉代皇帝服饰有祭服和常服两种。皇帝在祭祀天地明堂时，头戴冕冠，身穿有十二章纹装饰的玄色上衣和纁色下裳。当皇帝祀宗庙诸祀时，头戴长冠（图 4–3），外穿玄色绀缯深衣，绛缘领袖的中衣和绛色绔袜。当皇

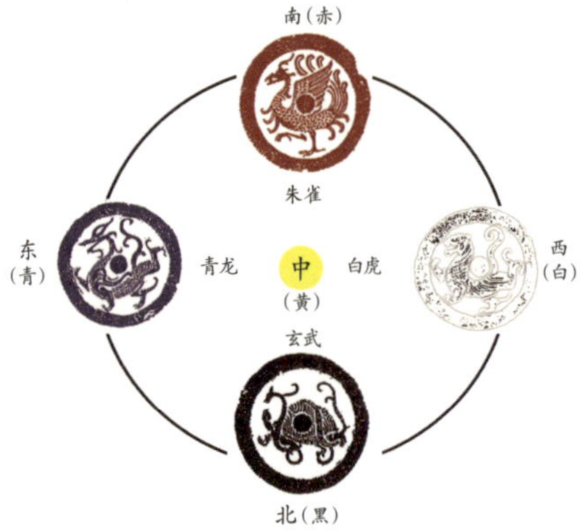

图 4–1　五行五色图

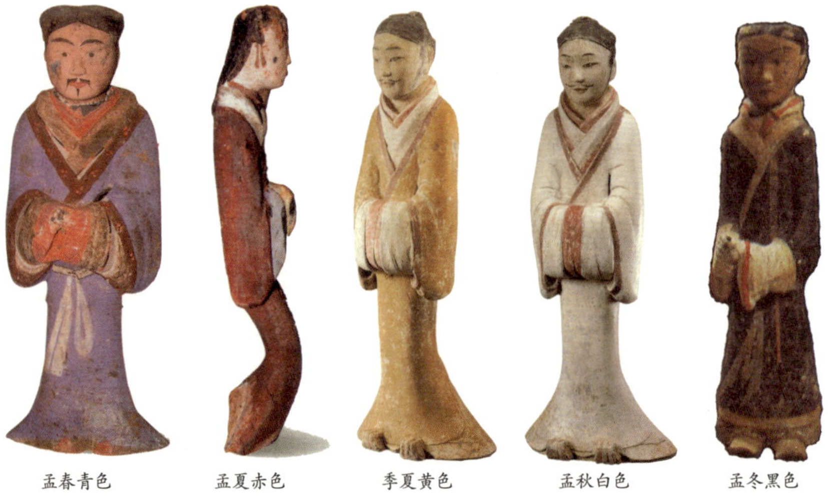

图 4–2　汉代彩绘陶俑

图 4-3　头戴长冠的彩绘木俑（湖南长沙西汉马王堆汉墓出土）

图 4-4　帛画女主人和侍者（湖南长沙西汉马王堆一号墓出土）

图 4-5　汉代汉阳陵彩绘陶俑

在一个四枚披垂的花叶基座中捧出一簇八根弯曲的细枝，除中间一茎立一只小鸟外，其余枝条顶端或结花朵，或结花蕾。

图 4-6　金步摇（甘肃武威西晋墓出土）

帝头戴通天冠时，身穿深衣形式的“五时色”袍服。

据《后汉书·舆服志》记载，汉代命妇朝、祭同服，即自二千石夫人以上至皇后的朝服都用助蚕时的服饰。其形制皆为深衣制的袍服，并在领、袖的部位以锦缘边，即所谓“隐领袖，缘以绦”。此时，衣襟绕襟层数又有所增加，下摆部分肥大，腰裹得很紧，衣襟角处缝一根绸带系在腰或臀部，如湖南长沙西汉马王堆一号墓出土帛画中女主人服装形象(图 4-4）和汉代汉阳陵彩绘陶俑形象（图 4-5）。

汉代太皇太后、皇太后入庙穿绀（深青中有赤色）上皂下的深衣制袍服；助蚕穿青上缥下的袍服。翦牦帼，即以翦牦为廓匡，覆于假结之上。头上横簪，以安帼结。簪以樺瑁为擿，长一尺，其一端为华胜，上有以翡翠为毛羽的凤凰，凤凰嘴衔垂白珠，垂黄金镊左右各一个。此外，头上还有耳珰垂珠的珥。

皇后谒庙、助蚕的服饰与前者相同。惟用假结和步摇（图 4-6）、簪珥。步摇以黄金为山题，贯白珠为桂枝相缪。一爵九华，熊、虎、赤罴、天禄（头上一角者）、辟邪（头上二角者）、南山丰大特（即南山丰水之大牛）六兽，即《周礼》中所谓的“副笄六珈”。黄金为山题，为白珠珰绕，以翡翠为华云。诸爵兽皆以翡翠为毛羽。

冠帽

汉代时期，官员服饰上的等级差别标识主要为冠帽和佩绶。前者主要以职务区分为主，后者主要以官阶等级区分为主。

冠帽是汉代官服等级区分的主要标志。在汉代的首服制度中，有冕冠、长冠、委貌冠、皮弁冠、爵弁、建华冠、方山冠、巧士冠、通天冠、远游冠、高山冠、进贤冠、法冠、武冠、却非冠、却敌冠、樊哙冠、术士冠、鹖冠十九种之多（图 4–7）。在汉代冠帽制度中，从冕冠至巧士冠属祭服类，从通天冠至术氏冠属朝服类。汉朝政府根据不同的用途和等级分赐给官员，如文官戴进贤冠（图 4–8、图 4–9），武官戴武弁大冠，中外官、谒者、仆射戴高山冠，御史、廷尉戴法冠，宫殿门吏仆射戴却非冠，卫士戴却敌冠。因此，人们可以通过戴冠帽清楚地辨识其社会身份。戴不属于自己等级身份的冠无疑是严重违反礼规的行为。汉昭帝时，昌邑王刘贺让奴仆戴高山冠，被认为是“暴尊”的不祥行为。

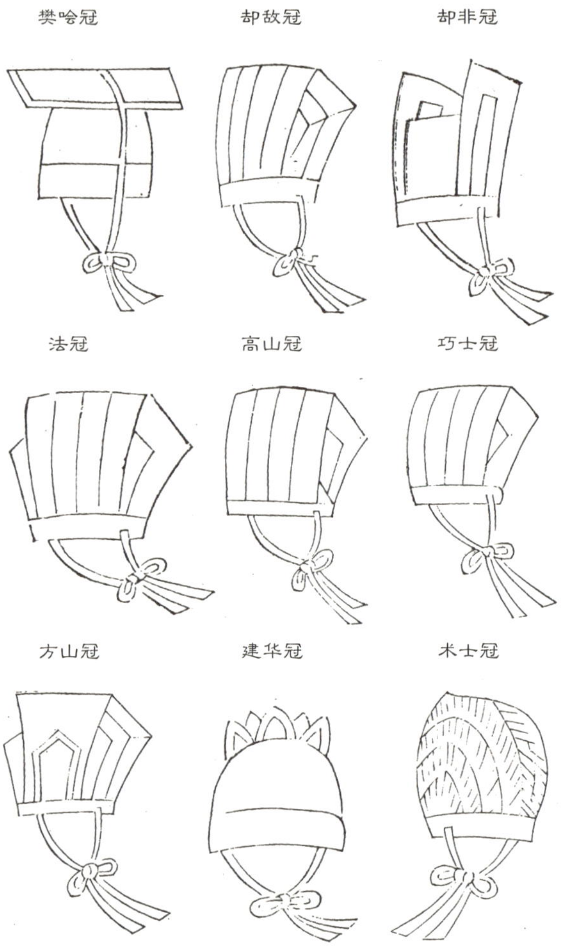

图 4–7 明代《三才图会》中汉代部分冠帽式样

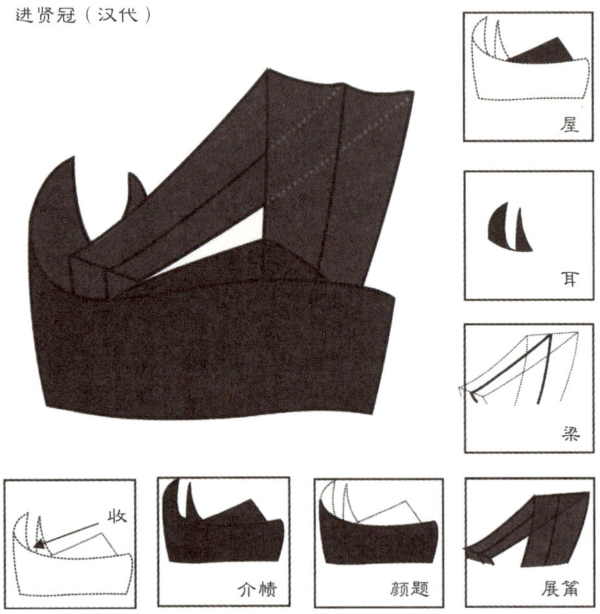

图 4–8 汉代进贤冠示意图（贾玺增绘制）

图 4–9 陶俑之进贤冠（湖南长沙金盆岭九号晋墓出土）

袍服

汉代服装主要有深衣、襜褕、袍、禪衣、褠、襦、衫等款式。其中的深衣、襜褕、袍、禪衣均属男女同服、上下分裁的一体式服装。它们在继承了自商周代以来形成的交领、右衽、缘饰、衿带等基本结构外，还具有多层穿衣，即“三重衣”的时代特征（图 4–10）。这三层袍服的彩色缘边分别在领口、袖口等处逐层显露，形成了丰富的层次对比。

东汉以前，袍服只是燕居时穿的一种日常便装。到了正式场合，汉人在袍服外要加套表衣（深衣或襜褕）。到了东汉，袍服的地位逐渐上升，由内衣演变成外衣，并最终取代了深衣和襜褕，在一些隆重场合，如朝会、礼见时也可穿用。因为穿在外面，所以制作工艺讲究了许多。其领、袖、襟、裾等处多以丝绸缘边，即“衣作绣，锦为缘”，如湖南长沙马王堆西汉墓就有身穿曲裾缘边袍服的木俑出土。

为了御寒，袍服多有夹层。如果夹层是新丝绵称为“茧”，若是絮头或细碎枲麻等，则称为“缊”。汉代袍服的袖身多宽大，由袖身向袖口呈弧状逐渐上收。袖口窄小的边缘部分被称为“祛”；袖身宽的部分被称为“袂”。又因其形状与牛颈部相似，故又被称为“牛胡”（图 4–11）。牛胡本指牛颈部下垂的部分，引申指衣袖肘部宽博之处。其式样如湖南长沙马王堆西汉墓出土的直裾袍（图 4–12）和曲裾袍（图 4–13）。

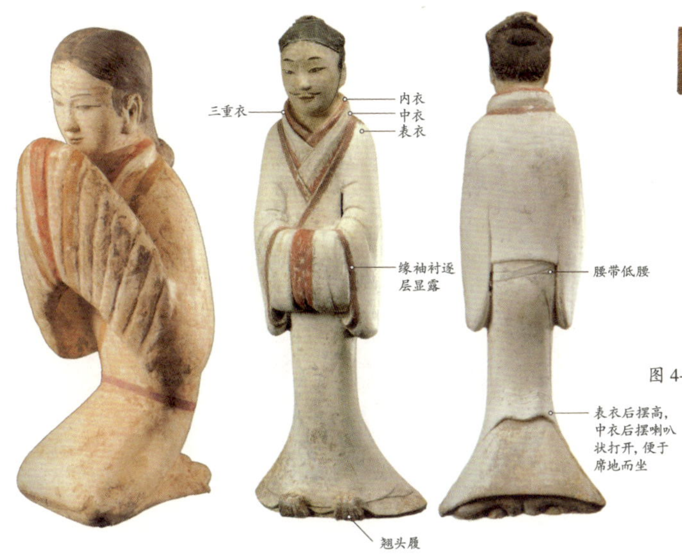

图 4–10　汉代人物陶俑（陕西汉阳陵墓出土）

图 4–12　“信期绣”褐罗绮绵直裾袍（湖南长沙马王堆西汉汉墓出土）

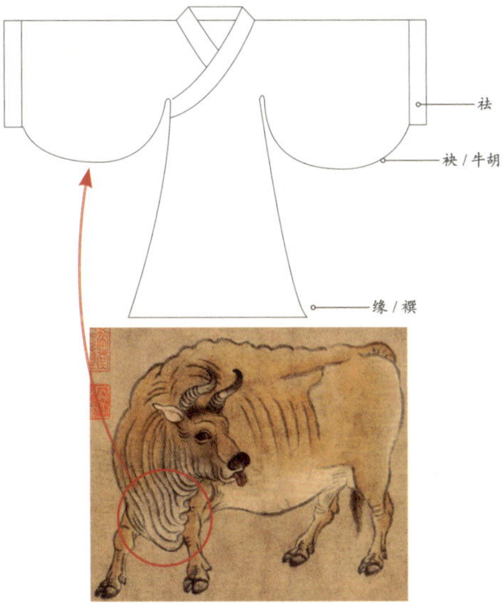

图 4–11　汉代袍服袖身部位名称

图 4–13　“信期绣”褐罗绮棉曲裾袍（湖南长沙马王堆西汉汉墓出土）

绶带

绶，又称“绂”和“组”（组绶），是指以丝缕编成的带子。山东汉代画像砖《齐王赠绶钟离春》中的齐王手中托举的就是绶带（图 4–14）。从绶的起源来看，最初是作为连结玉器的实用物品，后来才逐渐演变成附属于祭服、朝服等礼服上的装饰品。

汉代佩绶制度明确，其颜色、长度、织物密度都有严格的身份区别。地位越高，绶带越长，颜色越繁丽，织品的质地也越紧密。其实物如新疆民丰尼雅遗址发掘的组带（图 4–15）。

丑女钟离春是战国时代齐国无盐人氏，奇丑无比，年四十未嫁，但德才兼备，一心关心国家大事。齐宣王自恃其强，耽于酒色，齐国走向衰败。钟离春为了拯救国家，进谏齐宣王，陈述齐国危难四点，为宣王采纳，拆渐台，罢女乐，退谄谀，进直言，选兵马，实府库，齐国大安。后齐宣王立钟离春为王后。

图 4–14 山东汉代画像砖中的《齐王赠绶钟离春》

图 4–15 1995 年新疆民丰尼雅遗址发掘的组带

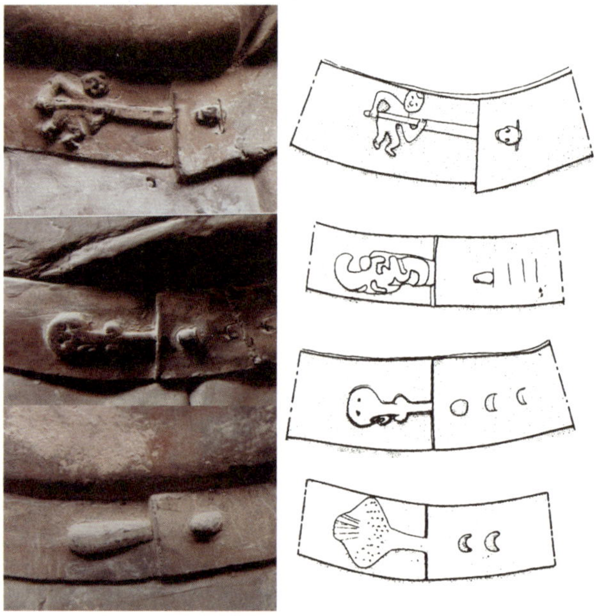

图 4–16 陕西西安秦始皇兵马俑的带钩

图 4–17 猿形银带钩（山东曲阜鲁故城出土）

图 4–18 战国鎏金嵌玉镶琉璃银带钩

带钩

在秦汉以前，革带主要用于男装，妇女一般多系丝带，即《说文·革部》所载：“男子革鞶，妇人带丝。”带钩是革带固定用的带头（4–16）。除装在革带的顶端用以束腰外，带钩也可用作衣襟的挂钩，还可装在腰侧用以佩刀、佩剑，钩挂镜囊、印章、刀剑、钱币等杂物。

中国古代带钩的造型可分为琵琶形、曲棒形、反勺形、耜形和鸟兽形五种。其中，鸟兽形如山东曲阜鲁故城出土的猿形银带钩（图 4–17），通长 16.7 厘米，猿作振臂回首状，身微拱，目嵌蓝色料珠，通体贴金，背有一圆钮。工艺更复杂的是战国鎏金嵌玉镶琉璃银带钩（图 4–18）。

步摇

与簪戴真花的历史相比，中国女性使用花形首饰的历史似乎更早。楚人宋玉在《风赋》中已写出“垂珠步摇”的诗句。汉末刘熙《释名·释首饰》载：“步摇上有垂珠，步则摇动也。”可知，因其上缀垂珠之饰，人动则摇曳，故名“步摇”。

汉代步摇是属命妇礼服范畴的首饰。在汉代，男女服基本同形，而男子戴冠、女子插笄是此时性别差异的标志。在湖南长沙西汉马王堆墓出土的帛画中有头戴步摇的女主人。其实物如甘肃武威西晋墓出土的金步摇（见图 4–6）。

魏晋南北朝时，传统审美观念受到挑战，妆饰趋于奢侈，发髻崇尚高大，《晋书·五行志》载：“太元中，公主妇女必缓鬓倾髻，以为盛饰。”髻上插有诸多饰件，其数目多寡成为区分尊卑身份的象征。步摇不再局限于贵族礼服，日常生活中也可簪戴，于是便有了南朝梁沈满愿《戏萧娘》中“清晨插步摇，向晚解罗衣”的诗句。在北魏司马金龙墓出土彩绘《列女古贤图》漆屏中《周室三母》（图 4–19）和《有虞二妃》中就有魏晋时期“插花美女”的形象。图中女性梳大十字髻，头顶发髻上插三朵花、二枝叶。其实物如比利时吉赛儿（Gisele Froes）在巴黎展览上的北齐时期嵌红琉璃金步摇（图 4–20）。

传晋代顾恺之《列女图》中的女子，九人中有六人可以明确是戴有步摇的（图 4–21）。在辽宁北票市房身、朝阳王坟山、姚金沟、袁台子与西团山等七座鲜卑墓中均出土有金质步摇冠，如 1989 年辽宁朝阳田草沟晋墓出土的金步摇冠（图 4–22）及 1981 年内蒙古乌兰察布盟达茂旗西河子窖藏出土的马头鹿角金步摇冠（图 4–23）。

图 4–19　彩绘《列女古贤图》漆屏中《周室三母》（山西大同北魏司马金龙墓出土）

图 4–20　北齐时期嵌红琉璃金步摇

图 4–21　传顾恺之绘《列女图》宋摹本之《许穆夫人》清宫旧藏（故宫博物院藏）

图 4–22　金步摇冠（辽宁朝阳田草沟晋墓出土）

图 4–23　马头鹿角金步摇冠（内蒙古乌兰察布盟达茂旗西河子窖藏出土）

裙子

“裙”是“群”的同源派生词，意思是将多（群）幅布帛连缀到一起，成一个筒状，故刘熙《释名》释“裙”为“联结群幅也”。湖南长沙马王堆西汉墓中出土的女裙正与此相互印证。其出土的女裙两件（图4–24），长87厘米，腰宽145厘米，下摆宽193厘米，接腰宽3厘米，均用宽一幅的绢四片缝制而成。考察陕西西安秦始皇兵马俑可知，男性也可将这种形制的短裙当作内衣穿着（图4–25）。

图4–24　女裙（湖南长沙马王堆西汉墓出土）

图4–25　身穿裙式内衣的秦始皇兵马俑人俑

图4–26　素纱襌衣（湖南长沙马王堆西汉墓出土）

1972年湖南长沙马王堆汉墓出土三件薄如蝉翼、轻若烟雾，仅重49克的单层长衣。出土遣册记为『素纱襌衣』。

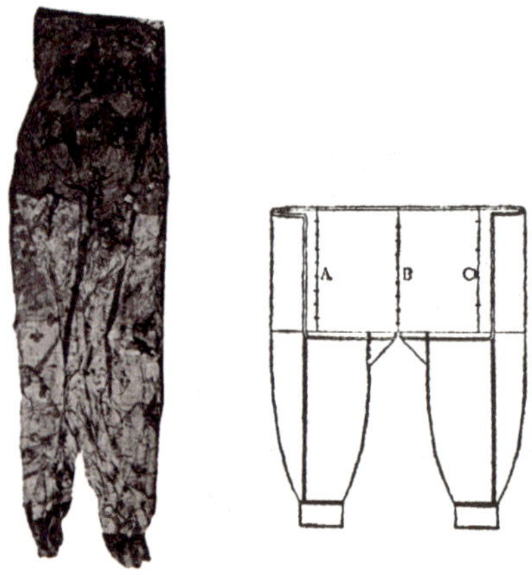

图4–27　开裆绵裤（湖北江陵马山一号楚墓出土）

图4–28　身穿合裆裤的汉代击鼓说唱俑

图4–29　西汉空心砖上穿穷绔和短襦的武士形象

内衣

在汉代，还有一种内穿的衣服叫襌衣（图4–26），刘熙《释名·释衣服》载：“襌衣言无里也。有里曰复，无里曰襌。”

文献记载，汉人下身穿胫衣或开裆裤（时称“袴”，图4–27）。由于无裆裤便溺方便，因此“开裆裤”又称为“溺绔”，故人们在公共场合的坐姿只能“跪坐”，两条腿分开伸坐和盘腿坐显然是不礼貌的行为。除了开裆，汉朝人有时也穿合裆裤（图4–28）。穷绔（图4–29）一般和襦配套穿用。为了御寒，有的裈内絮绵、麻等物，时称“复裈”。在中国古代服饰文化中，裤子外穿是一种有失礼仪的行为。西汉司马相如为了让岳父卓王孙难堪而身穿短裤出现在街市上。

“犊鼻裈”是贴身穿的短裤。山东嘉祥洪山汉墓、山东临沂沂南汉墓出土的画像石上就有穿着“犊鼻裈”耕作的农夫形象。因这种短裤上宽下窄，两头有孔，以承受双股的贯串，与犊鼻之形十分相似，故称“犊鼻裈”。

长袖

楚国宫廷尚长袖舞，汉人继承楚人艺术，使得长袖舞更为盛行。舞女多是长袖细腰，有的腰身蜷曲，能使背后蜷成环状（图 4–30、图 4–31）。汉人傅毅《舞赋》载：“华袿飞髾，长袖交横，体若游龙，袖如素霓。”汉刘邦妃子戚夫人的翘袖折腰之舞正是这种舞姿的体现。汉乐府《娇女诗》记载：“从容好赵舞，延袖象飞翮。”“延袖”就是指长袖。

图 4–30 西汉玉雕舞女像（广州象岗南越王墓出土）

1983 年广州象岗南越王墓出土的西汉玉雕舞女像，头右侧梳螺髻，身穿长袖衣，扭腰合膝呈跪姿，舒展广袖，作长袖曼舞状。

玉雕舞女像是汉代颇具特色的佩饰之一，它在佩戴时往往与其他玉饰一同组成串饰，挂佩于腰间或胸前。其外形飘飘欲仙，迎合了汉人对神仙漂游翱翔的想往。

图 4–31 汉代玉雕舞女像

湖南长沙马王堆西汉墓（共出土四双丝履）中出土青丝岐头履，长 26 厘米，头宽 7 厘米。该双层丝履，头部呈弧形凹陷，两端昂起分叉小尖角。

图 4–32 青丝岐头履（湖南长沙马王堆西汉墓出土）

面料主体花纹是神态不一的双脚兽，平列并排在忍冬藤蔓与花蕾变换的六列间隔之中，并填以小禽兽，还间有用绛色、白色、浅驼、浅橙和宝蓝等颜色织出『延年益寿长葆子孙』的隶书，袜口部分有一道金边，是织锦本身的缘边。

图 4–33 红罽绣花锦袜（新疆民丰汉墓出土）

图 4–34 东晋富且昌宜侯王天延命长织成履（新疆吐鲁番阿斯塔那墓出土）

履袜

汉代人如果穿着曳地长袍，脚下多穿鞋尖上翘的足服（图 4–32），上翘的鞋尖从前面将长袍的衣摆兜起，使行走方便。

袜是足衣，又写作“韈”“韤”。现存汉代时期的袜子实物，其质料多为罗、绢、麻及织锦等。汉代袜子讲究者以锦为之（图 4–33）。

魏晋时期，男女鞋履质料更加讲究，有“丝履”“锦履”“皮履”等。履的颜色也有一定制度，士卒百工服绿、青、白；奴婢侍服红、青。东晋织成履尤其精美，如晋人沈约诗云“锦履立花纹”。新疆吐鲁番阿斯塔那墓出土一双东晋富且昌宜侯王天延命长织成履（图 4–34）。出土时色泽如新，用红、褐、白、黑、蓝、黄、绿等多彩丝线，以“通经断纬”方法在鞋面上织隶体汉字“富且昌宜侯王天延命长”，以及瑞兽纹、散花式小菱形花纹、倒山纹、忍冬纹。鞋底用麻线编织，耐用而轻巧。

革甲

据《周礼·冬官·考工记》记载，周代制甲业已取得一定经验，并设有“司甲”的官员掌管甲衣的生产。

周代的革甲由甲身、甲袖和甲裙组成。革甲穿在身上，以腰为界分上下两部分，重量相等。周代的革甲分犀甲、兕（野牛）甲和合甲三种，其质地非常坚硬。犀甲用犀革制造，将犀革分割成长方块横排，以带绦穿连，分别串接成与胸、背、肩部宽度相适应的甲片单元，每一单元称为“一属”，然后将甲片单元一属接一属地排叠，以带绦穿连成甲衣，横向均左片压右片，纵向均为下排压上排。犀甲用七属即够甲衣的长度；兕甲比犀甲坚固，切块较犀甲大，用六属即够；合甲，用两重犀或兕之皮相合而制成，因特别坚固，割切困难，故切块又比兕甲更大，用五属即可。周代革甲形式如西安秦始皇兵马俑身上所穿的甲胄（图 4-35 ～图 4-38）。

图 4-35　战国错金银刺虎镜上的骑士纹（传河南洛阳金村出土）

图 4-36　秦始皇兵马俑跪射俑

图 4-37　秦始皇兵马俑将军站立俑

图 4-38　秦始皇兵马俑站立俑背面

秦甲颜色

根据考古情况和学术研究可见，秦俑彩绘由褐色有机底层和彩色颜料层构成，如红（朱砂，铅丹）、绿（石绿）、蓝（石青）、紫（紫色硅酸铜钡）、黄（密陀僧）、黑（炭黑）、白（磷灰石，铅白）等（图4–39）。美国《国家地理》杂志和华盛顿大学曾做过一次整体色彩复原（图4–40），德国巴伐利亚州文物保护局、慕尼黑科技大学也曾与国内相关机构合作开展过秦俑彩绘保护技术研究。

汉甲

汉代戎服与秦代相似，军中不分尊卑，大都头戴平巾帻外罩武弁，身穿绵袍，腰束革带，下身套裤，足蹬圆头平底、月牙形头靴或履（图4–41）。1965年，陕西咸阳杨家湾西汉大臣周勃、周亚夫父子的墓地出土的彩绘铠甲2000余件，塑造了西汉皇家卫队的形象。

图4–39　彩色秦俑实物照片

图4–40　美国《国家地理》杂志和美国华盛顿大学复原秦俑色彩

徽识

为了便于在战争中识别身份，周代至汉代时期的军服上还要有徽识。卒，即士兵，是由于衣上带有徽识而得名。

汉代的徽识，主要有章、幡和负羽三种。章是士卒及其他参战的平民皆应佩带的徽识。相对而言，章的级别较低，主要为士卒所佩带，章上一般要注明佩带者的身份、姓名和所属部队，以便作战牺牲后识别。陕西咸阳杨家湾西汉大墓陪葬坑出土的陶士卒俑背后佩带的长方形徽识或即为章。幡的等级比章要高一些，在汉代，一般为武官所佩带，为右肩上斜披着帛做成的类似披肩的饰物。负羽则军官和士卒都可使用。此外，人们还在甲上加漆，髹其甲体。

图4–41　武士俑彩绘盔甲

金缕玉衣

汉代人认为玉是“山岳精英”，将金玉置于人的九窍，人的精气不会外泄，就能使尸骨不腐，可求来世再生。皇帝及部分近臣的玉衣用金线缕结，称为“金缕玉衣”，其他贵族则使用银、铜线缀编，称为“银缕玉衣”“铜缕玉衣”。

金缕玉衣，也叫“玉匣”“玉押”，是汉代皇帝和高级贵族死时穿用的殓服。玉衣结构造型与人体形状相同，是将玉石打磨成片，四角穿孔，以金线或银线、铜线连接，层层叠叠，可将尸骨严密包合。

图 4–42　缀玉覆面（山西曲沃晋侯墓地 31 号墓出土）

金缕玉衣的起源可以追溯到东周的“缀玉覆面”，如 1992 年山西曲沃晋侯墓地 31 号墓出土的实物（图 4–42），面部自上而下为眉、额、鼻、目、耳、脸颊、嘴、腮、下颌。又如 1968 年河北满城陵山二号墓出土金缕玉衣（图 4–43），由 2400 多片玉片以及 1000 多克金丝制成头罩、上身、袖子、手套、裤筒和鞋六个部分。玉衣内头部有玉眼盖、鼻塞、耳、口琀，下腹部有生殖器罩盒和肛门塞。周缘以红色织物锁边，裤筒处裹以铁条锁边，使其加固成型。脸盖上刻画眼、鼻、嘴形，胸背部宽阔，臀腹部鼓突，完全似人之体型。

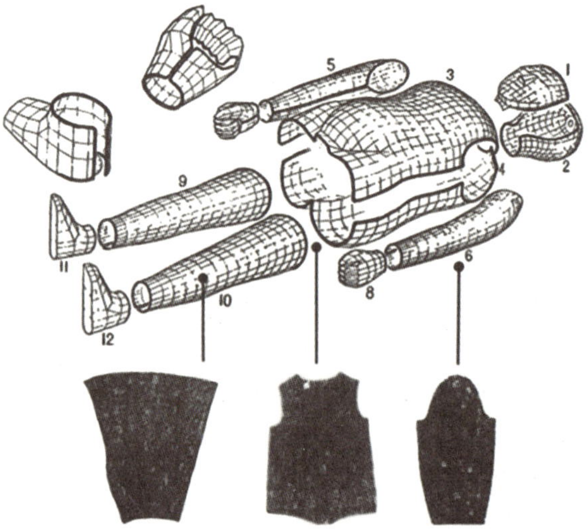

汉代政府设立了专门从事玉衣制作的“东园”。玉衣的制作包括选料、钻孔、抛光等十多道工序。玉片成衣后，玉片排列整齐，对缝严密，表面平整，反映了汉代制玉技艺的精湛。同时，每件玉衣耗用玉片、金丝巨多，也是汉代统治阶层奢侈生活的一个写照。实际上，用金缕玉衣作葬服不仅没有实现王侯贵族们保持尸骨不坏的心愿，反而招来盗墓毁尸的厄运，许多汉王帝陵往往因此而多次被盗。到三国时期，魏文帝曹丕下令禁止使用玉衣，从此玉衣在中国历史上消失了。

图 4–43　金缕玉衣（河北满城陵山二号墓出土）

图 4-44 刀俎俑（四川新都马家山东汉崖墓群出土）

图 4-45 击鼓说唱俑（四川成都天回山汉墓出土）

图 4-46 白地云气人物锦帽（新疆民丰尼雅出土）

黔首苍头

古时平民不能戴冠，多是在发髻上覆以巾。在劳动生产之时又兼作擦汗之布，可谓一物两用。通常以缣帛为之，裁为方形，长宽与布幅相等，使用时包裹发髻，系结于颅后或额前。其色以青、黑为主。秦代称庶民为“黔首”，汉代称仆隶为“苍头”，均根据头巾颜色而言。

在汉代，普通男子主要首服有帻和巾。男子 20 岁成人后，“卑贱执事不冠者”戴帻。卑贱执事自是身份不高，但与平头百姓相比还应略胜一筹。帻似帕首的样子，开始只是把髻包裹，不使下垂。四川新都马家山东汉崖墓群出土有刀俎俑头戴的包头之帻（图 4-44）。古时庶人不具冠饰，直接用帻覆髻，位尊者则将其衬在冠下。关于帻之起源，《后汉书·舆服志》载：“元帝额有壮发，不欲使人见，始进帻服之。群臣皆随焉。然尚无巾，如今半帻而已。王莽无发乃施巾，故《语》曰：‘王莽秃，帻施屋。’”其后古人谈及此事，多引前言。早期的帻多用巾帕围勒而成，并无固定形制特征。汉文帝时期，对帻的形制作出了明确规定。因帻是一种贵贱、文武皆服的首服，所以帻的使用必须借于一定的形制辨别等差。根据制度，文官戴长耳的“介帻”，衬于进贤冠之下；武官戴短耳的“平上帻”，衬于惠文冠之内（武弁大冠）。据《释名·释首饰》载：“二十成人，士冠，庶人巾。”对于普通劳动者而言，则用布包头。由于多为下层百姓所戴，故地域不同，叫法也甚多，如络头、幧头。河南邓县长冢店汉墓所出画像石中之牵犬人及四川成都天回山汉墓所出击鼓说唱俑头上系结之物，即为幧头之类(图 4-45)。

东汉民族交流增加，帽逐渐被中原地区人民所接受。特别是汉灵帝本人的喜好，加速了胡服的盛行，甚至成了京都贵戚皆竞为之的时尚之物。新疆民丰尼雅出土一件白地云气人物锦帽（图 4-46），锦面绢里，后缀两条蓝色绢带，图案中有人物和云气形象，并织有“河生山内安”“德”“子”等铭文。

椎髻

中国古代汉人有蓄发传统。汉代男子在戴冠或帻、巾之类的首服时，需将发髻束于首服内。按照汉代服饰礼仪制度，汉代女性是不能戴冠的。从考古实物看，汉代女性多垂椎髻于颈后。人们在发式后垂发辫，分段束缚，又有作双环者，如同心髻（图4–47）；作单环者，如垂云髻；还有在下垂发髻底部琯结作圆锤形，还垂下一撮长长的头发梢，其名曰“垂髾”。垂髾长者可达腰部（图4–48）。

在汉代，贵族女性发髻也流行一种歪在头部一侧的高垂髻（图4–49），时称堕马髻。据传，堕马髻为梁冀之妻孙寿发明的一种发式。另外，在汉代还有一种与堕马髻相似的倭堕髻。为配合此种发髻形式，梳堕马髻的妇女走路也有特殊的姿势，名为“折腰步”。

受神仙术士文化影响，汉晋妇女还流行梳凌云髻、望仙九鬟髻、参鸾髻、神仙髻、瑶台髻、缕鹿髻、迎春髻、盘桓髻、双鬟髻（图4–50）等发式。

图4–47 青铜储贝器盖饰人物（云南晋宁石寨山甲区一号墓出土）

图4–48 侍女陶俑（陕西汉阳陵墓出土）

图4–49 人擎铜灯（战国晚期包山二号墓出土）

图4–50 北朝双鬟髻陶女俑（河北景县封氏墓群出土）

图4–51 琉璃耳珰（重庆六朝墓出土）

图4–52 汉代玻璃耳珰

图4–53 东汉着长袖衣陶女俑（广东广州动物园汉墓出土）

耳珰

秦汉时期，中国先民还戴耳珰。其材质有金、玉、银、琉璃、骨、象牙、玛瑙、琥珀、水晶等。其中玻璃（也称琉璃）耳珰在当时最为普遍，其实物如重庆六朝墓出土的琉璃耳珰（图4–51）。两汉南北朝文学作品中，多次提到明月珰，如《孔雀东南飞》的刘兰芝“腰若流纨素，耳著明月珰。”

耳珰形制主要分为无孔珰和有孔珰两种。无孔珰，两端大，中腰细，一端呈圆锥形，另一端呈鼓起的圆珠状（图4–52）。戴的时候，以圆锥状细端插入人耳垂的穿孔中。其实际使用如广东广州动物园汉墓出土东汉着长袖衣陶女俑（图4–53）、徐展堂旧藏的西晋青瓷人俑。有孔珰，中间有纵贯的穿孔，用以穿线系坠饰，坠饰多为玻璃珠、玑、小铃之类。

魏晋南北朝之后，耳珰不再流行，并逐渐退出了历史舞台。

第五章　魏晋南北朝

三国：220—265 年
西晋：265—317 年
十六国：304—439 年
东晋：317—420 年
南朝：420—589 年
北朝：386—581 年

魏晋南北朝 300 多年，战乱频繁，是中国古代历史上极为动荡分裂的时代。该时期先为魏、蜀、吴的三足鼎立，继而三国归晋（司马氏），在经过全国统一后，又分为西、东二晋，国内局势又趋纷乱。东晋之后南方是宋、齐、梁、陈。北方由北魏统一，后来分为西魏、东魏、北齐、北周，由此统称南北朝。

战争和民族大迁徙，促进了胡汉杂居，南北交融，本土玄学、道教和外来佛教也趁势兴起，这使得汉族农耕文化、草原游牧文明和异域外来文化相互碰撞，形成了以农耕文明的礼仪服饰为主体，融合游牧文明的实用、便捷的日常服饰的形式。

魏晋风骨

魏晋南北朝时期的服饰演变也是各种思想相互碰撞、影响下的产物（图 5-1、图 5-2）。由于中原汉族王权的削弱，加之政治的腐败、“礼教”和经学的繁琐，使“独尊儒术”的信仰发生了动摇，玄学、道教及佛教禅宗思想盛行一时。受这些主张的影响，一大批游离于世俗，试图突破旧礼教的文人士大夫，除沉迷于饮酒、奏乐、吞丹、谈玄之外，也在服装上寻求发泄，以傲世荣。因此，“冠小而衣裳博大，风流相放，舆台成俗”成为风尚。江苏南京西善桥东晋墓拼镶砖画《竹林七贤与荣启期图》中刘伶、嵇康、阮籍等人着装就是此类“魏晋风骨”（图 5-3）。除了小冠流行，魏晋时期，巾的地位有了显著变化，逐渐成为士大夫阶层的常服。

图 5-1　传东晋顾恺之绘《洛神赋图》中的帝王形象

图 5-2　北朝进香图浮雕（美国费城大学博物馆藏）

图 5-3　江苏南京西善桥东晋墓拼镶砖画《竹林七贤与荣启期图》

大袖衫

魏晋南北朝时期，中原地区汉族服装以大袖衫为尚。衫为单衣，对襟系带，衣袖宽大，袖口宽大无祛（收口缘边），实物如中国丝绸博物馆收藏的新疆营盘出土的北朝绞缬绢衣（图 5–4）。这是目前中国能见到最早的大袖衫实物，具有极其重要的研究价值。《宋书·周郎传》记载：“凡一袖之大，足断为两，一裾之长，可分为二。”与这段文献对应的是河北磁县湾漳北朝墓出土的大袖衫人物陶俑（图 5–5）。

图 5–4　北朝绞缬绢衣（新疆营盘出土）

图 5–5　身穿大袖衫人物陶俑（河北磁县湾漳北朝墓出土）

袴褶

魏晋南北朝时，袴褶服成为最为常见的装束，除了用于家居闲处外，有时还用于礼见朝会。它是一种由上褶和下袴组成的二部式服装。

据《急就篇》记载：“褶谓衣之最在上者也，其形若袍，短身而广袖，一曰左衽之袍也。”可知，褶是衣身较短，袖子宽大的上衣。褶始为西北少数民族的骑服，故初为左衽，在盛行于南北朝后，按汉族传统变为右衽。

图 5–6　河南邓州彩色画像砖上的头戴卷檐帽、身穿褠衣、缚口裤的乐伎仪仗人物像

袴褶的裤是一种外穿的合裆散口裤，它与内穿的汉式胫衣、无裆袴和连裆裈的穿用场合区别迥然。南朝时的袴褶、衣袖和裤管更宽大，即广褶衣、大口裤。因为裤口肥大，为了更利于活动，人们在裤腿的膝盖下用丝带扎束，称为“缚袴”（图 5–6）。

隋承北周旧俗，袴褶的使用更为广泛，不仅为皇帝田猎、皇太子从猎之服，也可做上下官员的公服、武官侍从之服和卤薄乐舞之服。到了唐代，袴褶成为更为正式场合穿的朝见之服。至唐末，袴褶之制始渐废弃。

图 5–7　身着袴褶、外套裲裆的人物陶俑（河北磁县湾漳北朝墓出土）

图 5–8　唐彩绘着裲裆甲文官俑（陕西礼泉郑仁泰墓出土）

裲裆

与袴褶相配的还有裲裆。裲裆，亦作“两当”“两裆”，其长仅至腰，无袖，只有前后襟以蔽胸背，《释名·释衣服》载：“裲裆，其一当胸，其一当背，因以名之也。”裲裆最初是由古代北方少数民族军服的两裆甲演变而来，在魏晋南北朝时期用作戎服和常服（图 5–7、图 5–8），至隋唐时期也用于朝服。裲裆既可保持躯干温度，还不增加衣袖厚度，男女都可穿着。

襦裙

魏晋时期，衣裳分离的“上襦下裙”“短襦长裙”的搭配形式开始流行，与先前流行的连衣裳而纯之以采、长及足踝的深衣形成对比并同时流行。女装造型演变成“上俭下丰”的式样（图 5–9）。曹植《洛神赋》载：“秾纤得衷，修短合度。肩若削成，腰如约素。”南梁庾肩吾《南苑看人还诗》云：“细腰宜窄衣，长钗巧挟鬟。”这些诗句都是在咏赞魏晋时期女性的窄式衣装之美（图 5–10、图 5–11）。

图 5–9　东晋顾恺之绘《列仁智女图》

上下一体式女袍的腰线已经由胯部提升至腋下，用腰带系束，袍摆很大，拖地成椭圆状。

图 5–10　东晋女陶俑（江苏南京出土）

图 5–11　长裙妇女彩绘俑（陕西西安草场坡出土）

上下分体式的襦裙女装也是上衣合体窄小，裙多褶裥肥大，裙摆及地。

图 5–12　西汉彩绘骑兵俑（陕西渭城杨家湾墓地出土）

图 5–13　彩绘木俑（湖北江陵凤凰山 168 号墓出土）

图 5–14　彩绘《列女古贤图》漆屏中《周室三母》（山西大同北魏司马金龙墓出土）

袿衣

袿衣是一种以缯为缘饰，曲裾绕襟，底部有裾，形成的上宽下窄、呈刀圭形的两尖角的长襦（图 5–12）。汉代刘熙《释名・释衣服》载：“妇人上服曰袿，其下垂者，上广下狭，如刀圭也。”女子穿袿衣时，里面一般穿裙子（图 5–13）。

飞髾

魏晋流行缀以尖角（襳）和长飘带（髾）的服饰。这些飘带走动时显现出天衣飞扬和乘风登仙的气韵，故有“华带飞髾”“扬轻袿之猗靡”的描写（图 5–14）。此时，女性还在盘成的双髻和高髻后垂下一撮头发，时称“垂髾”或“分髾”。

木屐

魏晋时期，男女鞋履质料更加讲究，有“丝履”“锦履”和“皮履”之分。履的颜色也有一定制度，士卒百工服绿、青、白；奴婢侍服红、青。东晋织成履尤其精美。

这一时期男子的足服，除采用前代丝履之外，特别盛行木屐（屣）。唐代诗人李白《梦游天姥吟留别》诗中“脚著谢公屐”，即源于此意。《急救篇》颜师古注：“屐者，以木为之，而施两齿，可以践泥。”颜师古谓两齿，在屐底前与后，且是活动的，穿时可以根据需要而灵活调节（图 5–15、图 5–16）。出外旅行，尤其是爬山，上山去前齿，下山去后齿（图 5–17）。谢灵运就常穿这种木屐游山。还有一种不装齿的屐，称为“平底屐”。

木屐的形制有所区别，男女屣头初有方圆之别，后即混同。汉代的岐头履，发展至魏晋南北朝时期，已演变成头部高翘、形似笏板的“笏头履”。妇女的足服通常在鞋面上绣花，然后再嵌珠描色。其鞋头样式，有凤头、聚云、五朵、重台、笏头、鸠头等。到了唐代，上耸一片的通称“高墙履”，上部再加重叠山状的则叫“重台履”。无论何种式样，鞋头露于衫裙之外，既可免前襟挡脚，又可作为装饰，可谓一举两得。

魏晋六朝因循古仪，着履表示尊重，着屐以图轻便。凡在主要场合，如访友、宴会等，均需穿履，不得穿屐，否则被认为“仪容轻慢”。在日本，木屐一直沿用至今，并且在重大的传统节日着和服和穿木屐成为日本民族的特色文化（图 5–18）。

图 5–15　漆木屐（安徽马鞍山三国朱然墓出土）

图 5–16　双齿木屐（江西南昌东吴高荣夫妇墓出土）

图 5–17　南宋马远绘《寒山子像图页》中穿木屐的形象

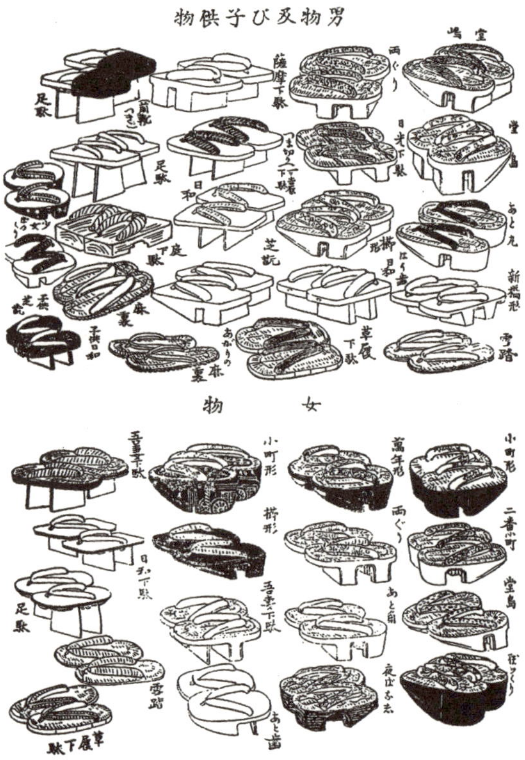

图 5–18　日本人所用传统木屐

玉蝉

在中国传统文化中，蝉取意为高洁、清虚。在汉代，人们相信虽然死亡是无法改变的事实，可是精神可以经由锻炼而达不灭之境界，这一过程也常常以“蝉蜕”这个自然现象来做比喻。美国人劳佛（Barthold Laufer）在其谈论中国古玉的两本专著中，采用了蝉之再生说，以此来解释汉人使逝者口含玉蝉的原因。蝉之一生经过蜕变、再生，劳佛以为正是汉人借此期盼逝者生还之物。蝉蜕象征幻化，就是在这种以之做比喻的情况下形成的。

除了象征幻化外，蝉还代表高洁。《后汉书·舆服志》清楚说明了冠上的蝉“居高饮洁”及“取其清高饮露而不食”的缘故。中国古人使用蝉：置玉蝉于死者口中以求其精神不死；佩带玉蝉以求永生或时时以高洁自喻。

蝉形玉器在新石器时代就已出现，如湖北省文化厅藏新石器时期玉蝉（图 5–19）。商代至战国墓葬中常有玉蝉，此时大多是悬挂佩戴用和口含之用。商周玉蝉用于日常佩戴，形制古朴，雕刻粗放。蝉身用简单的阴线刻画象征身体部位。两汉玉蝉多用新疆白玉（图 5–20）、青玉雕成，质地很好。蝉身雕成正菱形，形象简明概括，头翼腹用粗阴线刻画，寥寥数刀即成，时称“汉八刀”。直至宋代，玉蝉雕刻及文化仍有流行（图 5–21）。

图 5–19 新石器时期玉蝉（湖北省文化厅藏）

图 5–20 汉代玉蝉

图 5–21 宋代玉蝉

图 5–22 蝉纹黄金珰（江苏南京仙鹤观东晋 M6 墓出土）

图 5–23 蝉纹黄金珰（辽宁北票北燕冯素弗墓出土）

图 5–24 蝉纹黄金珰背衬（辽宁北票北燕冯素弗墓出土）

金蝉

汉晋时期，皇帝近臣（如常伯、侍中、中常侍）戴冠时多插饰附有金箔镂空为蝉形的黄金珰。东晋以后几乎见不到玉蝉了，且用首服装饰的金珰上的蝉纹也镂刻得非常抽象而不易辨认（图 5–22 ～图 5–24）。魏晋之后，在笼冠上饰蝉纹金珰的习惯一直延续至唐代。

在唐代，蝉纹金珰不再仅限于宦官所戴的笼冠。唐代亲王的进贤冠上也饰金蝉。自唐至明代天子的通天冠也都有所谓的金蝉十二。宋代除了天子通天冠“二十四梁，加金博山，附蝉十二”以及“博山，政和中，加附蝉”，另有貂蝉冠（笼巾）之名，只不过其冠上不饰金蝉而代之以玳瑁蝉。

第六章　唐代

隋：581—618 年
唐：618—907 年
五代：907—960 年

618 年，李渊建立大唐王朝。唐朝国力强盛，军事强大，周边强国全被大唐征服，军事力量威震欧亚。京城长安不仅是国内政治、经济、文化中心，也是当时颇具影响力的国际性大都市。当时与唐朝政府有过往来的国家和地区曾达 300 多个，正如诗人王维《和贾至舍人早朝大明宫之作》所描绘的“万国衣冠拜冕旒”的盛况，每年有大批的留学生、外交使节、客商、僧人、歌舞艺人往来于长安。

图 6-1　唐贞观时期壁画《维摩诘说法图》中身穿冕服的唐代帝王像（敦煌莫高窟 220 窟）

汉式礼服

隋唐时期，中国在政治上又一次南北统一，但服装却分成两类：一类继承了中原地区农耕文明传统的汉式冠冕衣裳，用作祭服（图 6–1）、朝服（图 6–2）和较朝服简化的公服；另一类则吸取了北方游牧民族的特点，使用便捷、实用的幞头、圆领缺骻袍和乌皮靴，用作平日的常服。隋唐以前，中国历代政府所制定的各种服饰制度多针对朝服和祭服。隋唐以后，公服和常服也纳入了服饰制度的范围，从而补充和完善了中国古代服饰制度的建设。农耕文明和游牧民族服饰的双轨制形成，适应了中国古代社会礼仪制度和日常生活的实际需要。

图 6–2　唐景云二年《礼宾图》（陕西乾县乾陵陪葬墓张怀太子李贤墓墓道东壁壁画）

唐朝冠服，在继承隋制的基础上有所损益。唐高祖武德四年（621 年）定《衣服令》，皇帝冠服有大裘冕、衮冕、鷩冕、毳冕、絺冕、玄冕、通天冠、缁布冠、武弁、弁服、黑介帻、白纱帽、平巾帻、白帢共十四种；皇太子冠服有衮冕、远游冠、乌纱帽、弁服、平巾帻、进德冠共六种；群臣之首服有衮冕、鷩冕、毳冕、絺冕、玄冕、平冕、爵弁、武弁、弁服、进贤冠、远游冠、法冠、高山冠、委貌冠、却非冠、平巾帻、黑介帻、介帻共十八种。

品色服

隋唐开始，标志官职身份的汉式冠帽被大力简化，无官职等级区分的常服使用普遍，促成了以不同服色区分身份贵贱、官位高低等序的“品色服”制度。至唐上元元年（674 年），《旧唐书·高宗纪》记载高宗敕文：“文武官三品以上服紫，金玉带；四品深绯（图 6–3），五品浅绯，并金带；六品深绿，七品浅绿，并银带；八品深青，九品浅青。”九品职官服色各异，清楚地显示出穿者的身份等级、品序大小（表 6–1）。

表 6–1　唐代品官服色制度

品色	紫	深绯	浅绯	深绿	浅绿	深青	浅青
官级	三品以上	四品	五品	六品	七品	八品	九品

白居易《琵琶行》载：“座中泣下谁最多？江州司马青衫湿。”表露了这种由政治地位变化而反映于服色变化的情况，以及由此带来诗人黯然无奈的心境。比青衫略高一级的是浅绿，元稹《寄刘颇二首》载：“无限公卿因战得，与君依旧绿衫行。”其如甘肃庆城赵子沟穆泰墓出土彩绘武官俑所穿上衣颜色（图 6–4）。比浅绿等级更高级的是绯色和紫色，如元稹《酬乐天喜邻郡》载：“蹇驴瘦马尘中伴，紫绶朱衣梦里身。”白居易《郡中春宴，因赠诸客》载：“暗澹绯衫故，斓斑白发新。”

自从“品色服”制度实施后，“青红皂白”便成为了官服和民服用色的界限分野。

圆领常服

唐代常服为幞头、圆领袍、銙带、乌皮靴。

圆领袍（图 6–5），亦称盘领袍、团领袍，是指右襟需固定于左肩之上，然后顺左肩向腋下掩盖。其领部正适合纽扣闭合，而圆领袍属于胡服，是隋唐时期士庶、官宦男子在祭祀、典礼等礼仪场合之外的日常服装。因为圆领袍在唐代属于常服，所以各阶层都可穿着。新疆吐鲁番阿斯塔那古墓群西州张雄夫妇墓出土木俑身穿的也是黄绢圆领袍（图 6–6）。

图 6–3　唐三彩文官俑（陕西咸阳礼泉出土）

图 6–4　彩绘武官俑（甘肃庆城赵子沟穆泰墓出土）

图 6–5　传阎立本绘《步辇图》中的圆领袍

图 6–6　圆领袍木俑（新疆吐鲁番阿斯塔那古墓群 206 号墓西州张雄夫妇墓出土）

幞头

幞头是唐代男子常服的首服。甘肃庆城赵子沟穆泰墓出土的身穿翻领锦袍的彩绘陶胡人俑头上表现的就是幅巾覆头前后系结的幞头（图6-7）。其内还有扣覆在发髻上的巾子（图6-8）。巾子是用桐木、斫木等材料编织而成。新疆吐鲁番阿斯塔那唐墓出土两件巾子实物均以丝葛类织物浸漆模压而成，顶部分瓣明显，表面布满菱格，左右两侧留有插笄的圆孔。其系裹方法是先使用布帕包头，前面的两角绕至颀后缚结，结带飘垂，后两角朝前包抄，系结于额，曲折附顶（图6-9）。

图6-7　身穿翻领锦袍的彩绘陶胡人俑（甘肃庆城赵子沟穆泰墓出土）

图6-8　巾子实物（新疆吐鲁番阿斯塔那唐墓出土）

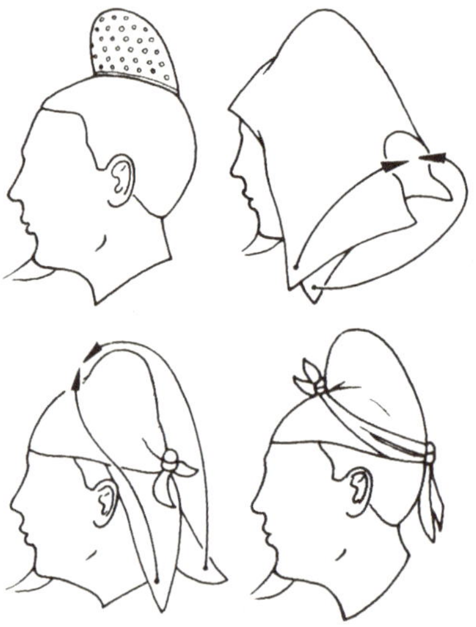

图6-9　唐代幞头系扎示意图

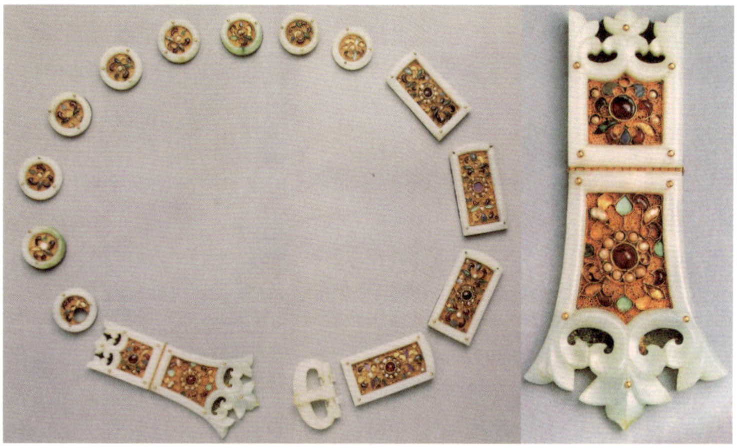

图6-10　唐镶金嵌珠宝玉带饰（陕西西安南里王村窦皦墓出土）

图6-11　明人绘《岳飞画像》

銙带

銙带由带鞓、带銙、带头、带尾四部分组成。带鞓是带的主体，由皮革做成，外裹红色或黑色绢。带銙是镶在带鞓上的牌饰（图6-10），是腰带等级区别的标志，《新唐书·舆服志》载：“一品、二品銙以金，六品以上以犀，九品以上以银，庶人以铁。”带头，即带扣。带尾，也称“铊尾”，腰带系束之后，带尾朝下，表示对朝廷的顺服。

宋代銙带等级更为细致繁复（图6-11）。同为金，有花纹不同者；花纹同者，有重量区别。宋代腰带牌饰质料中，玉许施于公服，犀非品官不得用。铜、铁、角、石、黑玉之类，民郡县吏术伎术等人皆可服用。牌饰图案主要有球路、御仙花、荔枝、师蛮、海捷、宝藏、天王、八仙、犀牛、宝瓶、双鹿、行虎、洼面、戏童、胡荽、凤子、宝相花和野马。

袒胸

中国传统封建礼教对女性的要求严格，不仅约束其举止、桎梏其思想，还要将其身体紧紧包裹起来，不许稍有裸露。但唐代国风开放，女子的社会地位得到极大提高，生活空间也更为广阔，着装风气也开先河，以袒颈露胸为时尚。袒胸装的流行与当时女性以身材丰腴健硕为佳，以皮肤白晰粉嫩、晶莹剔透为美的社会审美风气是分不开的（图6–12）。李洞《赠庞炼师》载："两脸酒醺红杏妒，半胸酥嫩白云饶。"李群玉《同郑相并歌姬小饮戏赠》载："胸前瑞雪灯斜照，眼底桃花酒半醺。"这些唐诗均是对这种风尚的描写。最初，袒胸装多在歌伎舞女中流行，后来宫中和社会上层妇女也引以为尚，纷纷效仿。传唐代周昉绘《簪花仕女图》中的仕女个个体态丰满，粉胸半掩，极具富贵之态（图6–13。学术界对辽宁省博物馆馆藏《簪花仕女图》的创作年代看法不一，杨仁恺持中唐说、徐邦达持中晚唐说、谢稚柳持南唐说、沈从文则持宋代说。

图6–12　唐三彩釉陶女立俑（陕西西安西郊纺织厂出土）

图6–13　传唐代周昉绘《簪花仕女图》

罗衫

唐代贵妇上衣一般是对襟的窄袖衫或大袖衫。前者属于日常类便服，穿时衣身下摆束于裙内，行动方便，无所羁绊。在唐人绘《挥扇仕女图》（图6–14）、《内人双陆图》（见图6–33）和《调琴啜茗图》中均绘有着窄袖衫的唐代女性形象。

图6–14　唐人绘《挥扇仕女图》局部

唐代女子穿的大袖衫属女子礼服类服装，流行用纱罗等轻薄材料制成，衣摆长及膝下，大袖长者可垂至足面。在唐代诗词中有很多赞誉女衫轻薄的优美诗句，如张祜《感王将军柘枝妓殁》载："鸳鸯钿带抛何处，孔雀罗衫付阿谁。"唐代女子穿着大袖衫时，衣摆多披垂于裙身之外。

唐末五代，薄衫金缕成为风尚，如裴虔余《柳枝词·咏篙水溅妓衣》载："半额微黄金缕衣，玉搔头袅凤双飞。"实物如1981年陕西宝鸡法门寺地宫出土的红罗地蹙金绣随捧真身菩萨佛衣模型。其中的红罗地蹙金绣半臂衫用绢做里，用降色罗做面，上面均匀分布蹙金绣折枝花卉纹样，花朵外面衬花叶，每朵花都留出一颗花蕊（图6–15）。

图6–15　红罗地蹙金绣半臂衫（陕西宝鸡法门寺地宫出土）

石榴裙

唐代女服以短襦长裙（图6–16）为尚。孟浩然《春情》诗云：“坐时衣带萦纤草，行即裙裾扫落梅。”唐文宗时，曾下令禁止裙摆过长。唐代裙色尤以红裙为尚（图6–17），时称“石榴裙”（石榴花染色）、“茜裙”（茜草浸染）。元稹《樱桃花》诗云：“窣破锣裙红似火”。

间色裙

唐代还流行两色布帛相拼的“间色裙”。据《旧唐书·高宗本记》记载：“其异色绫锦，并花间裙衣等，糜费既广，俱害女工。天后，我之匹敌，常着七破间裙。”所谓“七破”，即指裙上被剖成七道，以间它色，拼缝而成。奢侈者更可达“十二破”之多（图6–18、图6–19）。

图6–16 唐代舞女绢画（新疆吐鲁番阿斯塔那墓张礼臣墓出土）

图6–17 昭陵唐墓壁画中身穿红色长裙的唐代女性形象

图6–18 昭陵唐墓壁画身穿间色裙的唐代女性形象

图6–19 唐代木身锦衣裙仕女俑（新疆吐鲁番阿斯塔那张雄夫妇墓出土）

图6–20 唐代宝相花夹缬褶绢裙（新疆吐鲁番阿斯塔那墓出土）

图6–21 唐三彩女乐俑（1995年陕西西安王家坟出土）

图6–22 唐三彩女俑（故宫博物院藏）

翠裙

绿色之裙也深受唐代妇女的青睐，时有“碧裙”“翠裙”或“翡翠裙”之称（图6–20）。其实物如新疆吐鲁番阿斯塔那墓出土的唐代宝相花夹缬褶绢裙与陕西西安王家坟出土的唐三彩女乐俑下身所穿的高腰十字瑞花条纹绿色锦裙（图6–21、图6–22）。

幂䍦

唐朝政策开放，经济繁荣，文化昌盛，对外交往频繁，兼收并蓄异域文化。唐代女性的社会生活也呈现出一种开放态势。在开元天宝年间（713—741年），西域文化大规模传入，妇女们或女效男装，着圆领袍，头裹幞头；或学胡服，多穿翻领窄袖袍，头戴胡帽。

唐中期，汉胡文化大融合，胡舞盛行。人们从对胡舞的崇尚，发展到对胡服的模仿，由此出现了元稹《和李校书新题乐府十二首·法曲》一诗中：“女为胡妇学胡妆”的现象。唐代女性穿的胡服集中表现在幂䍦、帷帽、胡帽和回鹘装的流行上。

隋朝西域地区有人穿戴用轻薄纱罗制成的大幅方巾，用以遮蔽路上的扬尘。唐初武德至贞观年间（618-649年），中原女性已开始有戴幂䍦的风气了。这正符合中国传统礼节中要求女性“出门掩面”的封建礼俗。幂䍦在日本东京国立博物馆收藏的一幅唐人绘画《树下人物图》中有所反映（图6-23）。与此类似的人物形象还见于1972年新疆吐鲁番阿斯塔那187号墓出土的唐三彩仕女俑（图6-24）。

永徽年间（650—655年），随着社会风气的开放，人们开始使用一种“拖裙到颈，渐为浅露”的帷帽，这是一种在席帽帽檐周围加缀一层面纱的改良首服。唐高宗认为这样有伤风化，于是下敕禁止。但至天宝年间（742—756年），唐代妇女头戴帷帽已成为一时风尚，如新疆吐鲁番阿斯塔那唐墓187号墓出土的头戴帷帽的彩绘陶女俑（图6-25）。

胡帽

胡帽，又称“蕃帽”，主要是指唐代及之前由西北或北方传入并在中原地域流行的皮帽或毡帽。其特点是帽子顶部尖而中空，珠帽、绣帽、搭耳帽、浑脱帽、卷檐虚帽等都可归为胡帽（图6-26～图6-28）。比起“全身障蔽”的幂䍦和将面部“浅露”于外的帷帽，它更加“解放”，使得女性“靓妆露面，无复障蔽”。从幂䍦到帷帽，再到胡帽的发展，是妇女服饰史的进步与发展，反映了唐代社会开放的风尚。

图6-23　唐人绘《树下人物图》（日本东京国立博物馆收藏）

图6-24　唐三彩仕女俑（新疆吐鲁番阿斯塔那187号墓出土）

图6-25　彩绘陶女俑（新疆吐鲁番阿斯塔那187号墓出土）

图6-26　彩绘翻领胡装女性俑（陕西咸阳边防村出土）

图6-27　乐舞屏风所绘女子像（新疆吐鲁番阿斯塔那高昌左卫张雄之孙张礼臣墓出土）

图6-28　彩绘陶戴胡帽骑马女俑（陕西咸阳礼泉李贞墓出土）

戎装

在唐代以前，男女之间在服饰和服制上有着不可逾越的界限。“女效男装”为社会制度和礼仪规范所不容。跨越传统着装界限的唐代女性，却以身着男装、跃马扬鞭为一时风尚。在陕西西安唐墓中就出土了许多身穿圆领袍，腰系銙带的彩绘女俑（图6–29、图6–30）。此外，陕西西安昭陵唐墓壁画（图6–31）、《虢国夫人游春图》和《挥扇仕女图》等中皆有这种头裹幞头、身着圆领袍、靓妆露面、无复障蔽的女子。“女效男装”现象在唐诗中也多有褒奖，如李贺《十二月乐辞·三月》载：“军妆宫娥扫蛾浅”，司空图《剑器》载：“空教女子爱军装”。女子穿戎装，于秀美俏丽之中，别具一种英姿飒爽的气质。

图6–29 彩绘陶男装女立俑（陕西西安郭家滩出土）

图6–30 彩绘陶男装女立俑（陕西西安金乡县主墓出土）

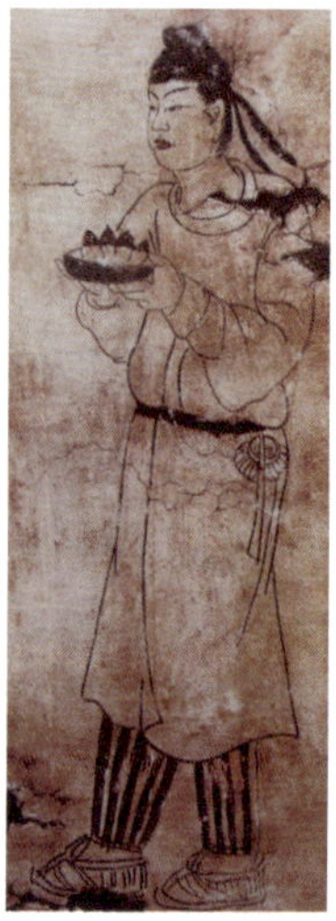
图6–31 陕西西安昭陵唐墓壁画中身穿男装的侍女

图6–32 唐三彩釉陶女立俑（陕西富平节愍太子墓出土，陕西省考古研究院藏）

图6–33 唐代周昉绘《内人双陆图》局部

图6–34 《捣练图》局部

图6–35 唐代彩色罗帔帛（新疆吐鲁番阿斯塔那张雄夫妇墓出土）

帔子

帔子，也称“披帛”“帔帛”，是唐代女性时尚最不可缺少的元素。唐代张鷟《游仙窟》诗云：“迎风帔子郁金香，照日裙裾石榴色。”帔一般用纱、罗等轻薄织物做成，而“罗帔掩丹虹”就是指用罗做成的帔。又由于帔的颜色多为红色，故古人也称帔为“红帔”，如1995年陕西富平节愍太子墓出土的唐三彩釉陶女立俑，该俑梳单刀翻髻，身穿小袖衫、高腰裙，肩披帔子（图6–32）。帔子在唐代绘画作品中也多有表现（图6–33、图6–34）。实物如新疆吐鲁番阿斯塔那张雄夫妇墓出土的唐代彩色罗帔帛（图6–35）。

鹖冠

唐代武士所戴武弁有两种形式。一种是沿着笼冠之制发展下来，李贤墓墓道东壁《客使图》中为首的三位官员所戴者可以为例。另一种是由战国鹖冠演变而来的三种式样的武士之冠：第一种，以鹖鸟为冠之主体者，其式样如故宫博物院藏河南洛阳戴令言墓出土天王俑（图 6–36）和陕西西安安西中堡出土唐三彩武士俑（图 6–37）；第二种，冠身正面饰鹖鸟者，如陕西咸阳礼泉李绩墓出土唐三彩武士俑（图 6–38）；第三种，唐中叶以后，冠身高大，两侧包叶上还画出鸟翼、卷草、云朵、连珠纹等纹样，顶上装饰二纽者（图 6–39）。

战袍

唐代戎服，需在铠甲内衬战袍或袄，即“将帅用袍，军士用袄”。武则天时，又在将帅袍的胸背或肩袖部位绣以虎豹纹以示勇猛威武。三品以上、左右武威卫饰对虎，左右豹韬卫饰豹，左右鹰扬卫饰鹰，左右玉钤卫饰对鹘，左右金吾卫饰对豸。又诸王饰盘龙及鹿，宰相饰凤池，尚书饰对雁。唐太和六年（832 年）允许三品以上服鹘衔瑞草、雁衔绶带及对孔雀绫袄。雁衔绶带如五代顾闳中《韩熙载夜宴图》中的侍女袍服上的纹样（图 6–40）。其实物大致如内蒙古兴安盟科右中旗代钦塔拉苏木辽墓葬 M3 中出土的辽代雁衔绶带锦交领左衽袍（图 6–41）。

图 6–36 天王俑（河南洛阳戴令言墓出土，故宫博物院藏）

图 6–40 五代顾闳中绘《韩熙载夜宴图》中的侍女

图 6–41 辽代雁衔绶带锦交领左衽袍（内蒙古兴安盟科右中旗代钦塔拉苏木辽墓出土）

图 6–37 唐三彩武士俑（陕西西安安西中堡村出土）

图 6–38 唐三彩武士俑（陕西咸阳礼泉李绩墓出土）

图 6–39 唐代着裲裆甲武官俑（上海博物馆藏）

图 6-42 彩绘刺绣靴（新疆尉犁营盘出土）

图 6-43 麻线鞋（新疆吐鲁番阿斯塔那墓出土）

图 6-44 唐代棕色绣花高墙绢履（新疆吐鲁番阿斯塔那墓出土）

图 6-45 唐代蓝色高墙绢履（新疆吐鲁番阿斯塔那墓出土）

图 6-46 唐代变体宝相花纹云头锦履（新疆吐鲁番阿斯塔那墓出土）

皮靴重台

中原传统汉服鞋类，多为低帮浅鞋。北方游牧民族则多穿高靴。秦时只有骑兵和少数铠甲扁髻步兵穿靴。大部分将军俑和兵俑都裹行縢穿履。南北朝以来，大量游牧民族涌入中原地区，北方服饰逐步被农耕文化所吸纳。至隋代，袴褶服着靴已成定制。唐承隋制，无论贵贱高低均可穿靴。

唐中期，上层社会女性流行穿软底镂空锦靴，与翻领、小袖袍服和条纹袴配套穿用，成为历史上最独特的“女效男装”风貌。《中华古今注》记载，唐代宗大历二年（767 年），曾令“宫人锦靿靴侍于左右”。歌舞者、乘骑妇女亦着靴，如李白《对酒》诗云：“吴姬十五细马驮，青黛画眉红锦靴。”唐墓壁画侍女图中也多有身穿男子袍、足登靴子的女子形象。唐靴实物如新疆尉犁营盘出土的彩绘刺绣靴（图 6-42），皮底麻面，内衬为柔软保暖的毛织物。唐代还流行线靴和线鞋，如新疆吐鲁番阿斯塔那墓出土的麻线鞋（图 6-43）。

重台履

唐代女子足服流行鞋尖上耸的高墙履和重台履，如元稹《梦游春七十韵》诗云：“丛梳百叶髻，金蹙重台屦。”重台履也称丛头鞋，唐代和凝《采桑子·蝤蛴领上诃梨子》词云：“丛头鞋子红编细，裙窣金丝。”其实物如新疆吐鲁番阿斯塔那墓出土的唐代棕色绣花高墙绢履（图 6-44）和蓝色高墙绢履（图 6-45）。

唐代还流行鞋尖相对平缓的云头履，王涯《宫词三十首》云：“春来新插翠云钗，尚著云头踏殿鞋。”实物如新疆吐鲁番阿斯塔那 381 号墓出土的唐代变体宝相花纹云头锦履（图 6-46），浅色斜纹变体宝相花锦面，鞋尖内蓄棕草以同色锦扎翻卷云头。鞋尖上翘不仅具有装饰功能，还具有实用性。首先，鞋尖高翘露于裙摆之外，既可以避免踩踏，便于行走，又可以装饰，可谓一举两得。其次，鞋尖起翘一般与鞋底相接，而鞋底牢度优于鞋面，可延长鞋的寿命。再次，鞋尖上翘或许与中国古人尊崇上天的信仰有关。这与建筑的顶角上翘有相同的原因。

时世女妆

中晚唐时期，社会风气以奢侈享乐为尚，女性妆饰追求浓艳丰盈。德宗时长安妇女争妍斗艳已成生活大事，时世妆、椎髻、乌唇、八字眉等风靡一时。

唐代流行“花钿”的面部装饰。温庭筠《南歌子》诗云：“脸上金霞细，眉间翠钿深。”唐代花钿是用金箔片、珍珠、鱼鳃骨、鱼鳞、茶油花饼、黑光纸、螺钿壳及云母等材料制成。

发髻

唐代妇女发式主要由髻、鬟、鬓三大类构成。髻是一种实心的发式（图6-47），有愁来髻、乐游髻、百合髻、归顺髻、盘亘髻、惊鹄髻、抛家髻、长乐髻、高髻、堕马髻、半翻髻、同心髻等。鬟是一种环状而又中空的发髻，有云鬟、高鬟、短鬟、双鬟、垂鬟等。

半翻髻（双片刀型）

唐代彩绘木胎舞女俑（新疆吐鲁番阿斯塔那张雄夫妇墓出土）

半翻髻（单片）

彩绘女俑（1952年陕西西安出土）

坠马髻

唐代假髻（新疆地区出土）

双环望仙髻

彩绘双环望仙髻女舞俑（陕西长武郭村唐墓出土）

倭堕髻

唐三彩釉陶两鬓抱面的同心髻女俑

两鬓抱面

唐三彩绘女俑

双环髻

唐三彩釉陶双环髻提篮女俑

反绾髻

唐三彩釉陶胡服骑马女俑（陕西乾县永泰公主墓出土）

图6-47　唐代女性发髻式样

图6-48　唐代鎏金刻花摩羯纹莲叶纹银钗（陕西省博物馆藏）

簪头镂空五朵盛开的菊花，花朵间枝叶缠绕。

图6-49　唐代鎏金菊花纹银钗（陕西省博物馆藏）

图6-50　鎏金银花钗（浙江长兴唐墓出土）

高23厘米，在鎏金钗股上，以金丝镶嵌玉片，制成一对展开的蝴蝶翅膀。蝶翼之下和钗梁顶端也有以银丝编成的缀饰。

图6-51　唐代金镶玉四蝶银步摇花钗（安徽合肥西郊南唐墓出土）

花钗

唐代流行一种与步摇相似的花钗饰品（图6-48～图6-51）。当时的花钗钗首多制成鸟雀状，雀口衔珠，步行摇颤，倍增韵致。唐代诗人白居易《长恨歌》中载有“花钿委地无人收，翠翘金雀玉搔头。”佩戴花钗者非贵即富，因而制作工艺极尽奢华。通常而言，一副花钗纹样相同，簪戴时左右相望地插于发髻两侧。

铠甲

唐代铠甲一般分成若干零部件，头戴的金属头盔，谓之“兜鍪”；肩上加披膊，臂间戴臂韝；前胸和腹部加圆护；下肢各垂甲裳，胫间有吊腿，脚登革靴（图 6–52）。唐代军服色彩十分鲜艳夺目，大部分是以五彩漆在皮、木甲上，或是以金银鋈之于铜铁甲表层，甲色灿烂夺目（图 6–53）。其形象还如敦煌莫高窟 156 窟晚唐敦煌壁画《张议潮统军出行图》中身穿铠甲的骑马军队（图 6–54），该图描绘的是唐朝敦煌地区最高统治者张议潮接受唐朝廷敕封为河西节度使后统军出行的浩大场面。

櫜鞬服

唐代后期，节度使晋见上级时须服“櫜鞬服”。唐玄宗开元年间（713—741 年），《开元礼》中记载：“金吾左右将军随仗入奏平安，合具戎服，被辟邪绣文袍，绛帕櫜鞬。”“櫜鞬”本是盛放弓箭的容器（櫜是盛箭之器、鞬是盛弓之器）。陕西乾县乾陵章怀太子墓东壁壁画男性人物身穿的就是櫜鞬服（图 6–55）。画中男子均是头裹红色抹额，身穿圆领袍，下身穿袴，足蹬乌皮靴、腰束蹀躞带，左手握刀，右边佩带箭房弓袋和豹尾。

图 6–52 唐代墓葬中身穿铠甲的陶俑

图 6–53 唐代壁画中的身穿甲胄的军人形象

图 6–55 陕西乾县乾陵章怀太子墓东壁壁画中的男子櫜鞬服像

图 6–54 敦煌莫高窟 156 窟晚唐敦煌壁画《张议潮统军出行图》中唐代身穿铠甲的骑马军队

第七章　宋代

北宋：960—1127 年
南宋：1127—1279 年

960 年，赵匡胤统一全国，建立宋朝，从而结束了晚唐五代的混乱局面。宋王朝立国 319 年，其间以 1127 年“靖康之耻”为界，分为前、后两个时期。此前为北宋，定都汴京（现河南开封）；此后为南宋，定都临安（现浙江杭州）。

北宋时期，为了建立一个高度集权专制的封建王朝，宋王朝吸取了唐末藩镇割据、节度使拥兵自重的教训，实行“修文偃武”的政策，进而削弱军人权势，转而大力推行科举制度，士大夫官僚阶层崛起而取代了士族豪门，形成了文人治国的格局。

宋代商品经济的繁盛和城市建设的发展，使宋人的物质生活和审美品位得到了极大的丰富和提升（图 7–1、图 7–2）。

宋代从事纺织作坊有官营和私营之分，广大农村的劳动妇女也都纺织布帛。北宋丝织以两浙、川蜀地区最为发达。开封设绫锦院，为皇室贵族织造高级织品。北宋和南宋棉花种植和桑蚕业遍及各地，织机遍及城乡。当时，丝织品已达 100 多种，纱、罗、绢、锦、绮、绫等品类都出现了许多名品，如单州薄缣望之若雾，亳州轻纱更是有名。宋代缝纫工具，如剪刀、熨斗和制针等工具也都有所发展。

以服为纲

宋初服制承袭五代旧规，后循唐制，上自皇帝、皇太子、诸王以及各级品官，下及于吏庶等。因议论繁多，宋政府曾多次更改和修订服饰制度。期间北宋初期太祖时期（960—976 年）及仁宗景祐二年（1035 年）、神宗元丰四年（1081 年）、徽宗大观四年（1110 年）和政和年间（1111—1117 年），及高宗绍兴四年（1134 年）的制度较详。

根据宋代制服规定，官服可分为祭服、朝服、公服和时服等。除祭祀朝会之外，百官公服为袍衫，并以颜色区别等级。其色有紫、绯、朱、绿、青不等。与前代群臣冠服，大多采用“以冠统服”的模式不同，自宋代开始变为“以服为纲”的模式。

图 7–1　宋代张择端绘《清明上河图》局部

图 7–2　宋代《文会图》局部

天子之服

《宋史·舆服三》记载宋代天子之服有七种，一曰大裘冕，二曰衮冕，三曰通天冠、绛纱袍，四曰履袍，五曰衫袍，六曰窄袍，七曰御阅服（戎服）。

通天冠服为皇帝大祭祀致斋、正旦冬至五月朔大朝会、大册命、亲耕籍田时穿用（图7-3）。首服通天冠，二十四梁。绛纱袍，绛纱裙，蔽膝如袍饰，白纱中单，方心曲领。白袜，黑舄，佩绶如衮。

履袍为宋代皇帝郊祀、明堂，诣宫、宿庙、进膳、上寿两宫及端门肆赦时穿用。头戴折上巾，身穿大袖圆领绛罗袍，腰通犀金玉带。系履时称履袍，服靴时则称靴袍。履、靴皆用黑革，其式样如南薰殿旧藏《宋仁宗坐像》（图7-4）。

衫袍为皇帝大宴时穿用，头戴折上巾，身穿淡黄袍衫，玉装红束带，皂文靴。自隋代始，天子常服为赤黄、浅黄袍衫、九还带、六合靴。宋代承袭，其式样如南薰殿旧藏《宋太祖赵匡胤像》（图7-5）和《宋太宗立像》。

窄袍为皇帝便坐视事时穿用。头戴皂纱折上巾或乌纱帽。身穿红袍或褙子，系通犀金玉环带，圆领袍里面多穿交领袍。

方心曲领是宋代官员穿朝服时套在交领上的白罗项饰。它是宋代朝服最显著的特征之一，意在附会“天圆地方”之说。其式样如宋代《女孝经图》中帝王所戴（图7-6）和明代《三才图会》中的方心曲领图示（图7-7）。

图7-3 《宋宣祖通天冠服像》（南薰殿旧藏）

图7-4 《宋仁宗坐像》（南薰殿旧藏）

图7-5 《宋太祖赵匡胤像》（南薰殿旧藏）

图7-6 宋代《女孝经图》中的帝王像

图7-7 《三才图会》中的方心曲领

诸臣服制

宋代诸臣礼服有祭服、朝服和公服三类。

祭服有衮冕九旒，毳冕七旒，玄冕五旒，平冕无旒。中兴之后，宋代诸臣祭服定为四等：一曰鷩冕，八旒；二曰毳冕，六旒；三曰絺冕，四旒；四曰玄冕，无旒。

宋代诸臣朝服有三式：进贤冠（图 7–8）、貂蝉冠和獬豸冠，皆朱衣朱裳。宋代进贤冠式样与唐代变化较大，其冠体的前屋造型趋于饱满，且附梁于其上，后衬一横向山墙，从后面向前包，与汉代纳言式样成反例。其额前，又衬额花装饰（图 7–9）。其式样一直沿袭至明代。

自宋以降，进贤冠外面还罩有笼巾，改称“貂蝉冠”（图 7–10、图 7–11）。一名笼巾，织藤漆之，形正方，如平巾帻。饰以银，前有银花，上缀玳瑁蝉，左右各为三小蝉，御玉鼻，左插貂尾。三公、亲王侍祠大朝会，则加于进贤冠而服之。官品照等级于笼巾下附有不同卷梁装饰，耳侧或附一雉尾或貂尾。

在宋代，朝服被称为具服，公服从省，以圆领大袖常服代替。宋因唐制，三品以上服紫，五品以上服朱（图 7–12），七品以上服绿，九品以上服青。其制，曲领大袖，下施横襕，束以革带，幞头，乌皮靴。自王公至一命之士，通服之。

图 7–8　张宗子绘《越中三不朽图赞》中头戴七梁进贤冠的翰林院侍讲

图 7–9　明代五梁进贤冠（山东孔府旧藏）

图 7–10　宋代范仲淹像中的貂蝉冠

图 7–11　明代官员头戴貂蝉冠

图 7–12　《瑞应图》中的宋代官员

图 7–13　圆领素罗大袖袍（浙江黄岩南宋赵伯沄墓出土）

素罗大袖袍

宋代官员圆领袍实物如浙江黄岩南宋赵伯沄墓出土的圆领素罗大袖袍（图 7–13），墓主赵伯沄乃宋太祖赵匡胤七世孙，衣长 115 厘米，通袖长 230 厘米，袖宽 95 厘米，袖根宽 45 厘米，胸宽 72 厘米，下摆宽 96 厘米，圆领右衽，袖身宽大，采用对幅式断腰裁剪，衣身分成上衣下裳再连属。肩部与腋下有扣和扣襻。其面料为四经绞罗，单层无衬里。

道袍

道袍本为释道之服，宋、明时期广泛穿着，流行度极高，上至皇帝、官员，下至士庶男子皆可穿着（图 7-14 ～图 7-16）。宋代道袍多以素布为主，交领右衽、两袖宽博，领、袖、襟、摆处有深色缘边，下长过膝，两侧没有开衩，形象如宋人刘松年《听琴图》中的人物服装（图 7-17）。明代士大夫阶层穿道袍的人更多，在明代绘画和士人容像中有许多身穿道袍的人物像（图 7-18）。

图 7-17　宋代赵佶绘《听琴图》中身穿道袍的人物形象

图 7-18　赵孟頫绘《苏轼像》

图 7-14　明代蓝色暗花纱道袍（山东曲阜孔府旧藏）

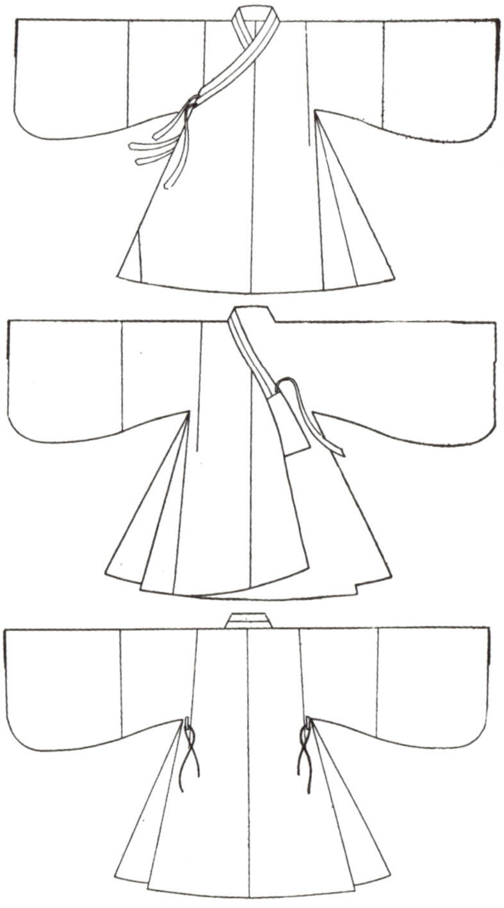

图 7-15　明代黄素绫大袖衬道袍线描图（北京定陵出土）

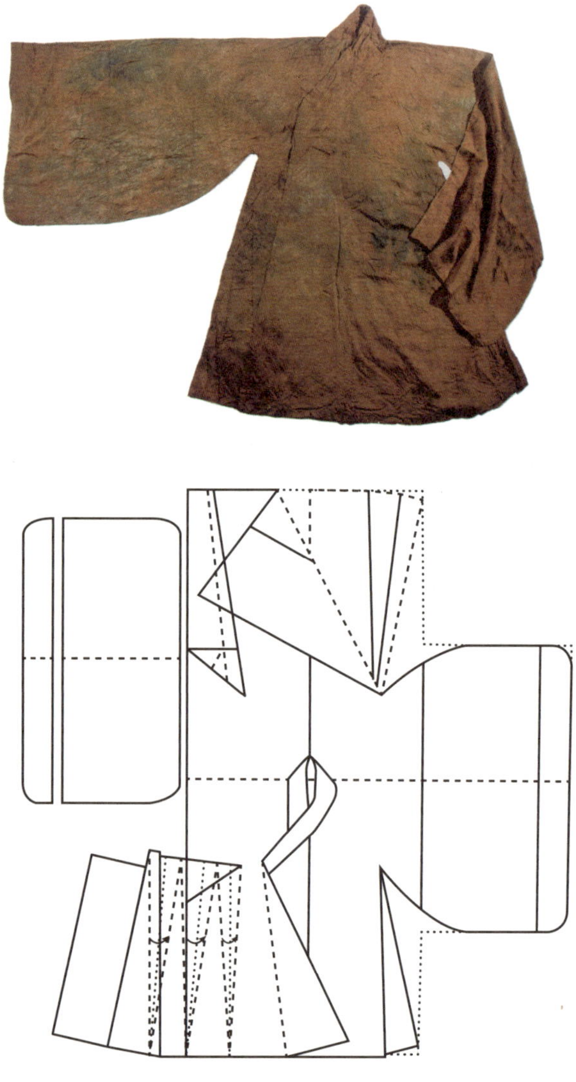

图 7-16　明代道袍实物和剪裁结构图

直裰

直裰，也写作“直掇”。最初多用作僧道之服，后为文人士人所穿的男服。其式样为对襟大袖（宋代为直袖，明代为收袪的琵琶袖），衣缘四周镶有黑边，其后背有一条直通到底的中缝，前襟上也有一条中缝。最初多用作僧人和道士之服（图 7-19、图 7-20）。到了元明时期，直裰形制有所变异，通常用纱縠、绫罗、绸缎及苎麻织物制成，大襟交领，下长过膝。多用于士庶男子。

图 7-19　宋代赵佶绘《听琴图》中身穿直裰的弹琴者形象

图 7-20　宋代《青城像》

图 7-21　唐代彩绘文吏俑（新疆吐鲁番阿斯塔那墓出土）

图 7-22　《文苑图》局部

图 7-23　宋代赵佶绘《听琴图》中身穿襕袍的男子形象

图 7-24　明代《三才图会》襕衫

图 7-25　宋代周季常、林庭硅绘《五百罗汉·应身观音》中的人物（美国波士顿艺术博物馆藏）

图 7-26　穿蓝衫的明代士人画像

襕衫

襕衫乃古代士人之服，圆领或交领，宋代无缘饰，明代有缘饰，下摆有一横襕（缝缀或织成的纹样），以示上衣下裳之旧制。其制始于北周，兴于唐代，流行于宋明。据《宋史·舆服志》载：“襕衫以白细布为之，圆领大袖，下施横襕为裳，腰间有襞积，进士、国子生、州县生服之。”宋代襕衫（图 7-21 ～图 7-23）接近于官员服制，为仕者燕居、告老还乡或低级吏人服用。

明代襕衫（图 7-24、图 7-25）还出现了以蓝色布料制作、没有膝襕的“蓝衫”。其下摆处有深色宽缘，以衣缘代替膝襕的象征意义（图 7-26）。

图 7–27 《历代帝后像》中的宋代皇后（南薰殿旧藏）

图 7–28 褐黄色罗镶花边大袖衣（福建福州南宋黄昇墓出土）

以素罗制成，裁制成条状，左右各一飘带，通体绣以花纹。

图 7–29 罗绣花霞帔（福建福州南宋黄昇墓出土）

图 7–30 扁圆浮雕双凤金帔坠（福建福州南宋黄昇墓出土）

图 7–31 《宋宣祖皇后坐像》（南薰殿藏）

皇后礼服

宋代皇后、妃有袆衣、褕翟、鞠衣、朱衣和礼衣。袆衣（皇后受册、朝谒景灵宫服之，图 7–27），九龙四凤冠，深青色袆衣，青纱中单，蔽膝随裳色，大带随衣色。褕翟（皇后及皇太子妃受册服之），九翚四凤冠，青罗衣，素纱中单，蔽膝随裳色，大带随衣色。鞠衣（皇后亲蚕服之），黄罗衣，蔽膝、大带、革舄随衣色，余同袆衣，唯无翟纹。朱衣（皇后朝谒圣容及乘辇服之），绯罗衣，蔽膝、革带、佩绶，履随裳色。礼衣（皇后宴见宾客服之），钿钗礼衣，服通用杂色。此外还有常服（皇后常服为命妇的礼服），真红色大袖衣（图 7–28），红罗长裙，红霞帔，红罗褙子。

命妇礼服

宋代命妇随男子官服而区分等级，受册、从蚕典礼礼服：青罗绣翟鸟纹翟衣，素纱中单，蔽膝同裳色。花钗冠，两博鬓，一品花钗九树，翟九等；二品花钗八树，翟八等；三品花钗七树，翟七等；四品花钗六树，翟六等；五品花钗五树，翟五等。

帔帛至宋代演变成带状披肩而双垂的“霞帔”，其实物如 1975 年福建福州南宋黄昇墓出土的罗绣花霞帔（图 7–29）。此件霞帔的下端，还系着雕饰凤鸟纹样的鸡心形扁圆浮雕双凤金帔坠（图 7–30）。其佩戴形式应如《宋宣祖皇后坐像》中的式样（图 7–31）。

褙子

褙子，也写作“背子”，是宋代最具代表性，上至皇后、贵妃、命妇，下至平民、侍从、奴婢，以及优伶、乐人不分等级与尊卑的通用性服装款式。

宋代褙子式样的主要特征为瘦身窄袖、对襟直领、加缝生色领、腋下开衩和不施衿纽（图 7–32、图 7–33）。与唐朝女子骑马射猎、英姿飒爽的风格不同，宋朝女子追求的是一种朴素雅致、含而不露而又风情万种的小家碧玉之美。宋人绘《荷亭戏婴图》《瑶台步月图》（图 7–34）和《歌乐图》（图 7–35）中均可见修长清秀的宋代美女。

宋代褙子的前襟不施纽襻，两裾离异，谓之“不制衿”，且腋下侧缝缀有带子，垂而不结仅作装饰，意义是模仿古代中单交带的形式，有“好古存旧”之意（图 7–36、图 7–37）。

图 7–34　宋代刘宗古绘《瑶台步月图》

图 7–35　南宋《歌乐图》局部

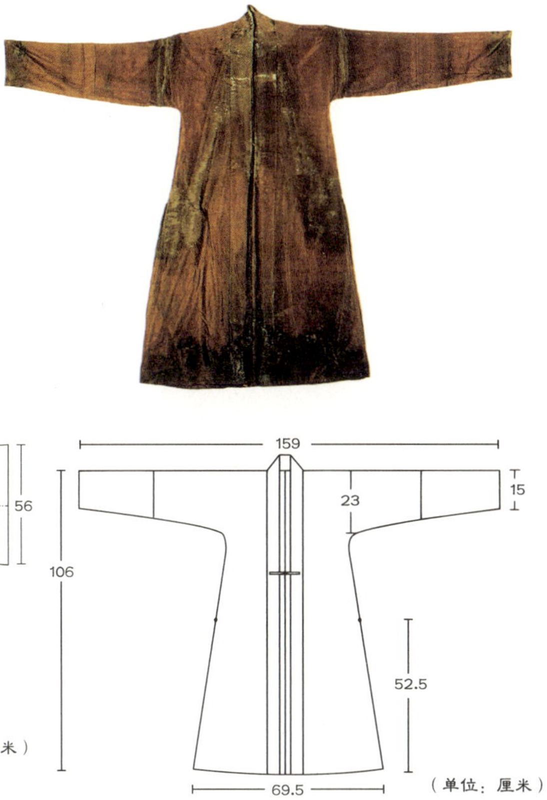

图 7–36　印金罗襟折枝花纹罗衫实物及尺寸图（江西德安南宋周氏墓出土）

图 7–32　南宋彩绘女陶俑（河南方城金汤寨范氏墓出土）

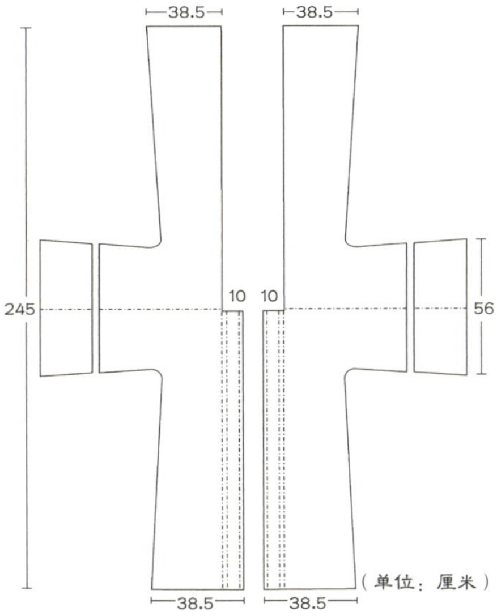

图 7–33　紫灰色绉纱镶花边窄袖褙子裁剪图

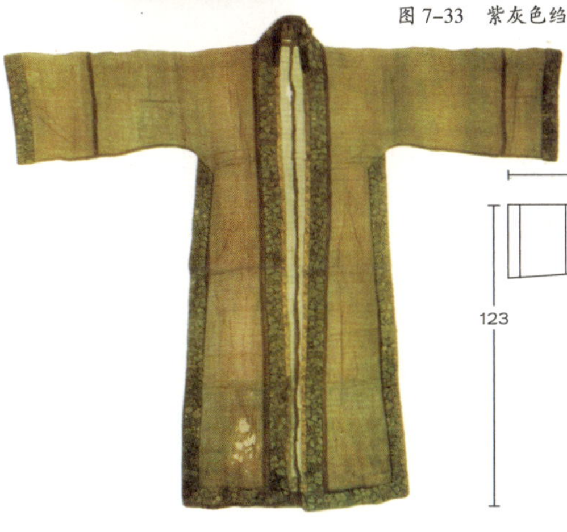

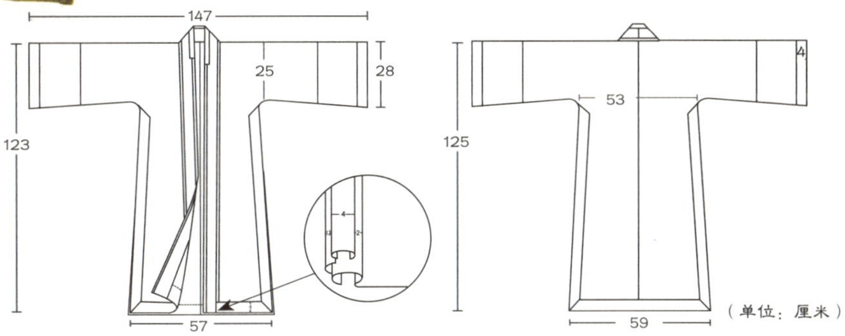

图 7–37　紫灰色绉纱镶花边窄袖褙子（福建福州南宋黄昇墓出土）

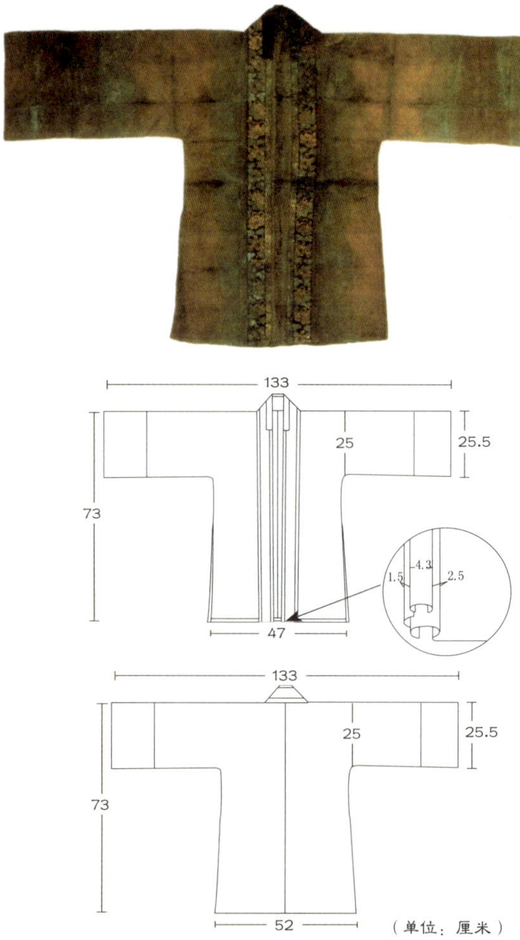

图 7-38　烟色梅花罗镶花边窄袖单衫（福建福州南宋黄昇墓出土）

图 7-39　金线绣花边罗对襟上衣（福建福州茶园山南宋墓出土）

图 7-40　印金山茶梅花花边对襟烟色绉纱夹衣（福建福州茶园山南宋墓出土）

图 7-41　浅褐色绉纱镶花边窄袖衫（福建福州南宋黄昇墓出土）

紫衫

除了褙子、大袖衫，宋代女服还流行衣身较短的“紫衫”，即紫颜色的短衫，前后开衩，便于乘骑。隋时皇帝侍从服用，唐代多用于武士，宋时为军校之服。据宋代袁文《甕牖闲评》记载，南宋以后，被定为军校之服；皂隶走卒也多着之。及至南宋，战事频仍，文官士人竞着紫衫，以便从戎。

绍兴年间（1131—1162 年），宋朝曾下令禁止士庶穿着紫衫；至乾道初，又废除此禁，紫衫复成为宋人便服。在唐代，士大夫们私下穿一种与紫衫相类丝的白衫。宋时称白衫为凉衫。后因为凉衫与凶服相似，不甚吉利，所以凉衫逐渐被禁止穿用。同时，统治阶层对于紫衫的禁令也解除了。

南宋紫衫样式大体应如福建福州南宋黄昇墓出土的烟色梅花罗镶花边窄袖单衫（图 7-38），衣料用地四经绞、花二经绞罗，襟里用平纹纱。衣襟花边一条绣花，一条印金。衣式为对襟窄袖。此外，如 1986 年福建福州茶园山南宋墓出土的金线绣花边罗对襟上衣（图 7-39）、印金山茶梅花花边对襟烟色绉纱夹衣（图 7-40）和福建福州南宋黄昇墓出土的浅褐色绉纱镶花边窄袖衫（图 7-41）。

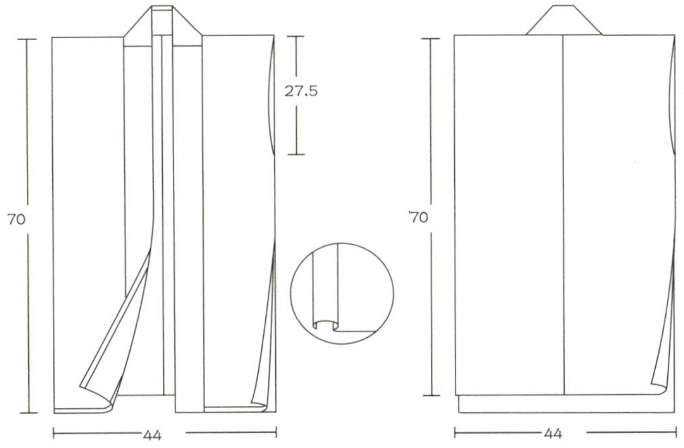

图 7-42　深烟色牡丹花罗背心及尺寸图

图 7-44　深烟色罗牡丹芙蓉花缠枝纹样

图 7-43　北宋定窑白瓷婴儿枕（台北故宫博物院藏）

图 7-45　宋代定窑白瓷婴儿枕（成都博物馆藏）

背心

宋代是背心的流行时期，男女不论尊卑均喜穿着。宋人绘《清明上河图》和《耕织图》中都有穿着背心的宋人形象。福建福州南宋黄昇墓出土背心8件。其中单层7件，夹层1件；以花罗制成者4件，素罗2件，绉纱1件，丝绢1件。这些背心的款式基本一致，以直线裁成，呈长方形，对襟直领，衣身长至腰际，下摆两侧各开一衩，两襟之间不用搭襻，也无纽扣，穿时任其敞开。具体尺寸以牡丹花罗背心为例（图 7-42）：其衣长70厘米，腰宽44厘米，袖口宽27.5厘米，领缘宽2.1厘米；下摆前后宽度不一，前宽38.5厘米，后宽45厘米。这件背心与台北故宫博物院藏北宋定窑白瓷婴儿枕（图 7-43）中身穿饰有缠枝牡丹纹（图 7-44）的长背心相似，缠枝牡丹纹寓意富贵。北宋定窑白瓷婴儿枕，造型活泼可爱，健康儿穿着衫裤及套上有花纹的锦缎长背心，趴在锦垫上，双脚往后交叉，一副悠哉状，令人疼爱。此枕以前、后模压制而成，再以刀剔刻脸部五官及衣著线条。此类宋代定窑白瓷婴儿枕在成都博物馆也有相似的收藏（图 7-45）。

女裙

宋代妇女下身多穿裙和裤（图 7–46）。宋代女裙多存唐代遗制，时兴“石榴”“千褶”和“百迭”等名目。言“千褶”者，为细裥女裙。千褶裙衣长托地，以五色轻纱为之，周身折裥，裥多而密。

宋代有一种前后开衩的裙子，乘骑方便，时称“旋裙”。宋初流行于京都青楼女子，后影响至士庶间。宋理宗时，宫廷嫔妃时兴穿一种前后相掩（不缝合）的裙式，因走起路来裙裾扫地，也称“赶上裙”（图 7–47）。因其前后都可开合，故被保守的人士视为“服妖”。与上身穿的衫一样，宋代女裙也流行使用轻薄质料，时有“薄罗衫子薄罗裙”之称。

宋代女裙中还有一种叫腰裙的短裙。其长者下不掩踝，短者不及膝盖。从文献记载看，短裙虽也有用于礼仪场合的时候，但一般多用于日常生活。短裙一般多用作衬里，俗谓“衬裙”。

图 7–46　褐色罗印花千褶裙（福建福州南宋黄昇墓出土）

图 7–47　褐色牡丹花罗镶花边裙（福建福州南宋黄昇墓出土）

图 7–48　黄地小杂花金锦夹吊敦实物（黑龙江哈尔滨阿城金墓出土）

图 7–49　翘头绣花女鞋（福建福州南宋黄昇墓出土）

图 7–50　翘头绣花女鞋（浙江兰溪南宋墓出土）

图 7–51　宋人绘《杂剧图》

吊敦膝裤

宋代裤子质料多以纱、罗、绢、绸、绮、绫为主，颜色以驼、黄、棕、褐等色为主。

宋代曾流行契丹服饰吊敦（袜裤），即一种只有两条裤管的内裤。吊敦上沿呈内低外高形态，与人体腿部形态吻合。其裤腿上部有长带，将其系于膝盖下部（图 7–48）。

此外，还流行一种只有两条裤管，顶部相边于裤腰的式样，时称“裤袜”“裤膝”。其实物如江苏金坛南宋周瑀墓出土的裤膝。

乌靴金莲

五代以前男女的鞋子是同一形制。从宋代开始，中国女性流行用布帛把脚缠裹起来。宋代女性缠足与后世的三寸金莲有所区别。宋代的缠足是把脚裹得“纤直”但不弓弯，时称“快上马”。宋代女性所穿鞋子被称为“错到底”，其鞋底前尖，由两色合成（图 7–49、图 7–50）。宋代风俗画家王居正的《纺车图》和宋人绘《杂剧图》（图 7–51）中都留下了缠足的形象。

第八章 元代

元代：1206—1368 年

1206 年，元太祖铁木真（尊称“成吉思汗”，图 8-1）建国；1232 年，窝阔台汗（图 8-2）南下灭金；1260 年，铁木真的孙子元世祖忽必烈登上汗位（图 8-3）；1271 年，迁都大都（现北京），改国号为元。随后，在经过了 8 年的努力后，于 1279 年灭南宋，结束了从五代到南宋 370 多年多政权并立的局面，建立了统一的大帝国元朝。

元代的版图非常大，横跨欧亚两大洲。蒙古在进入中原以前从事比较单纯的游牧和狩猎经济（图 8-4），对汉族农业文明接触较少。建国以后，元朝加强了欧亚大陆之间的贸易和文化交流活动，除汉文化外，还受到吐蕃喇嘛教文化、中亚伊斯兰文化乃至欧洲基督教文化的影响。因此，元代社会具有地域辽阔、种族混杂，农耕文化与草原文化、佛教文化与伊斯兰文化以及欧洲基督教文化的相互融合的特点，这就造成了元代服饰文化的多样化。

元代统治者曾经把中国的各种技工集中起来，再安置在中国各省以及中国以外势力所及的地方。由于生长于草原环境，蒙古人所爱用的色彩，不论是建筑、衣服、绘画等，都是偏重于浓重鲜艳，以打破自然色调上的沉寂。蒙元王朝以白色和蓝色为贵，以红色为尚。帝王的旌旗、仪仗、帷幕、衣物以白色居多。蒙古族尚红与萨满教信仰“万事万物都是被火所净化”有关，尊崇火从而导致对红色的推崇。百官公服，只准五品以上服紫、七品以上服绯。汉族和尚不得衣红，只有吐蕃僧人才可，甚至规定除寺观、孔庙外，大门不准髹红色。

图 8-1　元太祖铁木真像

图 8-2　元太宗窝阔台汗像

图 8-3　元世祖忽必烈像

图 8-4 牵马俑（灰陶，俑高 34 厘米，马高 37 厘米，陕西西安户县元贺氏墓出土，陕西博物馆藏）

图 8-5 元代绘画中的诈玛宴

一色质孙

质孙，蒙语音译，亦作“只孙”“只逊”“济逊”“直孙”，其含义为“一色服”“一色衣”。质孙服，本为便于乘骑的戎服，形制为上衣下裳相连的袍裙式样，衣身较紧窄，腰间有许多褶裥，后演变为元代宫廷举行盛宴时，皇帝和百官共同穿着的礼服（图 8-5）。元代统治者每年要举行 13 次大朝会。每逢此时，帝王、大臣、亲信穿同一色的质孙衣在大殿前用金杯按爵位、亲疏、辈分频频祝酒，气氛热烈，场面壮观。

据《元史・舆服志》载，元天子质孙服：冬之服凡十有一等，服纳石矢、金锦也。怯绵里，剪茸也。则冠金锦暖帽。服大红（图 8-6）、桃红、紫蓝、绿宝里，则冠七宝重顶冠。服红黄粉皮，则冠红金答子暖帽。服白粉皮，则冠白金答子暖帽。服银鼠，则冠银鼠暖帽，其上并加银鼠比肩。夏之服凡十有五等，服答纳都纳石矢，缀大珠于金锦。则冠宝顶金凤钹笠。服速不都纳石矢，缀小珠于金锦。则冠珠子捲云冠。服纳石矢，则帽亦如之。服大红珠宝里红毛子答纳，则冠珠缘边钹笠。服白毛子金丝宝里，则冠白藤宝贝帽。服驼褐毛子，则帽亦如之。服大红、绿、蓝、银褐、枣褐、金绣龙五色罗，则冠金凤顶笠，各随其服之色。服金龙青罗，则冠金凤顶漆纱冠。

图 8-6 元代刘贯道绘《元世祖出猎图》及局部

辫线袄

辫线袍（袄），俗称“辫线袄子”，也称“腰线袄子”。《元史·舆服志》载：“辫线袄，制如窄袖衫，腰作辫线细褶。”其式样为圆领、紧袖、下摆宽大有许多褶裥。在《事林广记》中，步射总法插图射箭人物身穿腰部缝以宽阔围腰的袍服（图8-7）。其实物如元代滴珠奔鹿纹纳石矢辫线袄（图8-8）。有的辫线袍还在腰部中央钉有纽扣（图8-9）。辫线袍这种上下分裁的结构形式一直沿袭到明代，演变为裙袍式服装。

海青衣

海青衣，是指大袖衣，因衣袖宽博，如海青（亦称“海东青”，一种大海鸟）展翅，故名。语出唐代李白诗“翩翩舞广袖，似鸟海东来”，凡为大袖之衣，均可称之。其图像资料如《元世祖出猎图》中的人物形象（图8-10），实物如元代菱地飞鸟纹绫海青衣（图8-11）。其左右肩用钉金高绣法刺绣葵花形和一个底边宽24厘米的缠枝莲花纹样。

图8-7　《事林广记》中步射总法插图射箭人物

图8-8　元代滴珠奔鹿纹纳石矢辫线袄

图8-9　元代辫线袄实物

图8-10　元代刘贯道绘《元世祖出猎图》（局部）中身穿海青衣的人物形象

右衽交领，宽摆，袖略宽，肩部有一开口，手臂可从该处伸出。两袖离袖口16厘米处各有一个襻。两只长袖可在衣服背后离领子14厘米处的纽扣处反扣。袍服右襟处有33厘米开衩，便于骑乘。

图8-11　元代菱地飞鸟纹绫海青衣

褡胡

元代官员，常在袍服外套一种半袖衣（图8–12），汉语称“比肩”，蒙语称“褡胡”“搭护”“绰子”“答忽”“褡护”。其形象如美国纽约大都会艺术博物馆藏元代织御容中元代皇帝像和内蒙古赤峰元代墓葬壁画中端坐女子穿的外衣（图8–13）。元人武汉臣《生金阁》载：“孩儿吃下这杯酒去，由于你添了一件绵搭护么？”显然，褡胡不仅有单夹，亦有内絮丝绵的。《元史·舆服志》中，还有用银鼠皮制作的“比肩”。

蒙元被明朝取代后，虽然“诏复衣冠如唐制”，但仍有不少胡俗被沿袭，而褡胡便是其中之一。

图8–12　元代褡胡实物

图8–13　元代墓葬壁画中身穿褡胡的女子坐像

图8–14　元代花绸背心（江苏无锡市郊元墓出土）

图8–15　明代月白暗花纱比甲（山东曲阜孔府藏）

图8–16　山西平遥双林寺彩塑仕女塑像

图8–17　《燕寝怡情》中身穿比甲的女性形象

比甲

除了半袖的比肩，元人还穿一种无袖的比甲。据《元史》载：“又制一衣，前有裳无衽，后长倍于前，亦去领袖，缀以两襻，名曰‘比甲’，以便弓马，时皆仿之。”元代比甲通常上窄下宽，如江苏无锡市郊元墓出土的元代花绸背心（图8–14），素绸和花绸制成，肩部狭窄而下摆宽阔，对襟领部镶宽阔缘边，两肋开衩。

明代比甲大多为年轻妇女所穿，而且多流行在士庶妻女及奴婢之间（图8–15、图8–16）。

到了清代，比甲更加流行。明末清初《燕寝怡情》中有身穿比甲的女性形象（图8–17）。稍后，比甲缩短衣身，称为坎肩或马甲。后来的马甲就是在此基础上经过加工改制而成的。

女袍

元代命妇衣服，一品至三品服浑金，四品、五品服金答子，六品以下惟服销金，并金纱答子。首饰，一品至三品许用金珠宝玉，四品、五品用金玉珍珠，六品以下用金，惟耳环用珠玉。袍是元代女子衣服中的主类。袍式多宽大，长可及地，宽衣长袖，袖口处窄小，如敦煌莫高窟中第 332 窟中元代身穿袍服的女供养人服装（图 8-18）、美国纽约大都会艺术博物馆藏元代织御容皇后像，其实物如元代团窠纹织金锦大袖袍（图 8-19）。

图 8-18　敦煌莫高窟第 332 窟中元代身穿袍服的女供养人

图 8-19　元代团窠纹织金锦大袖袍

图 8-22　元代印金罗长袖衫（中国丝绸博物馆藏）

图 8-20　加彩女俑（陕西西安曲江池元墓出土）

图 8-23　元代印金罗短袖衫（中国丝绸博物馆藏）

图 8-21　棕褐色四经绞素罗花鸟绣夹衫（内蒙古乌兰察布集宁路元代遗址出土）

短袖

元代女性有在长袖衫外套短袖的着装习惯（图 8-20）。元代短袖实物如内蒙古乌兰察布集宁路元代遗址出土的棕褐色四经绞素罗花鸟绣夹衫（图 8-21）。夹衫表面采用了平绣针法，结合打籽针、辫针、戗针、鱼鳞针等针法，刺绣 99 个 5 ～ 8 厘米的花纹图案。其题材有凤凰、野兔、双鱼、飞雁以及各种花卉纹样等。其中，最大的花形分布在两肩及前胸部分，一鹤伫立于水中央，一鹤飞翔于祥云之间，相望而呼应。鹤旁衬以水波、荷叶以及野菊、水草、云朵等，显现出一片生机勃勃的景象。衣服上还有撑伞荡舟等人物故事图案。

除了刺绣工艺，元人还以印金工艺为尚，如中国丝绸博物馆藏的元代印金罗长袖衫（图 8-22）和印金罗短袖衫实物（图 8-23）。长袖衫的袖子部位用金箔印有水波地麒麟纹样，领子和门襟处有方搭纹；短袖衫主体是小方搭纹，在其肩部和后背部分别有三角和方形装饰区，其内印有凤穿牡丹纹样。

冬帽夏笠

元代男子公服多戴幞头，平民百姓多用巾裹。元代首服有冬帽夏笠的说法。

蒙元时期男子尚戴圆顶的“笠子帽”和方顶的“瓦楞帽”。笠子帽是用四个大小相同的梯形毡片缝成帽身，再加缝帽顶。其式样有三种：宽檐和半球形圆顶；窄檐；四边帽檐向上折起的毡帽（图8-24、图8-25）。瓦楞帽是用藤篾或牛马尾编结制成（图8-26）。笠子帽和瓦楞帽都是古代北方游牧民族的传统帽饰。

元代皇室的帽子多镶宝石（图8-27）。其品种中红宝石有四种：剌、避者达、昔剌泥、古木兰。绿宝石有三种：助把避、助木剌、撒卜泥。另外还有猫眼石、绿松石（称作甸子）、鸦鹘石等宝石。

元代和历代王朝一样对各色人等的服饰有详细规定。普通人戴前圆后方的笠帽。青楼掌柜头上戴的头巾必须为绿色，这就是“绿帽子”的来源。

图8-24　笠子帽（甘肃漳县元代汪世显家族墓出土）

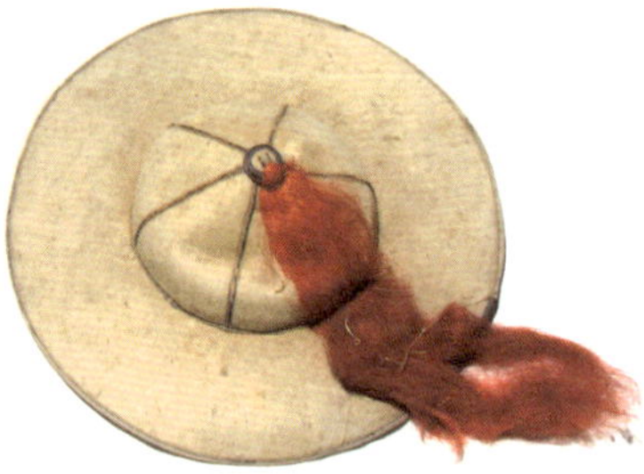
图8-25　笠子帽（李雨来先生收藏）

图8-26　元代瓦楞帽实物

图8-27　头戴七重宝顶冠的元仁宗像

图8-28　元顺宗后塔济像（台北故宫博物院藏）

图8-29　元代织御容中的皇后像（美国纽约大都会艺术博物馆藏）

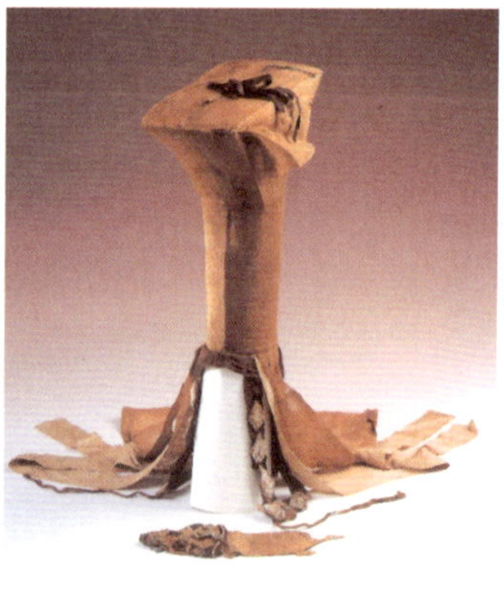
图8-30　元代方顶罟罟冠实物（韩国藏）

罟罟冠

元代女子首服以“罟罟冠”最具特色（图8-28、图8-29）。罟罟冠上部以羽毛或树枝等物为之；中部是上宽下窄的圆筒状；下部为冠筒与头部相连接的部分，早期为兜帽，晚期为抹额等。罟罟冠冠筒内胎材料最初用桦树皮，进入中原后以竹为骨架。冠筒外面裱覆的材料及装饰根据戴者的贫富及地位有所区别，贫者裱以褐，富者裱以绡、罗、绢、金帛等，并附珍珠宝石装饰。其实物如韩国藏元代方顶罟罟冠（图8-30）。

蒙古族建立元朝进入中原地区后，冠顶的翎管与翎羽便很少使用了，如元帝后像、敦煌莫高窟和安西榆林窟元代壁画里女供养人所戴的罟罟冠顶已经不见了翎管，较长的翎羽也被冠顶后面较短的“朵朵翎”所取代。这是因为在草原上生活时，高高的翎管和翎羽是贵族女性身份识别的标志，进入中原之后，其功能已被华丽的装饰所取代，因而只留下了象征性的朵朵翎。

第九章　明代

明朝：1368—1644 年

元朝末年爆发的农民起义，动摇了元朝的统治。明洪武元年（1368 年），朱元璋凭靠农民起义的强势力量，推翻了元朝统治，建立起明朝帝国，定都应天（今南京）。朱元璋在建立了明中央集权的封建帝国后，废除了有近千年历史的丞相制度和有七百多年历史的三省（中书、门下、尚书）制度，由皇帝一人统揽大权。明王朝共历 276 年统治，将国号定为“明”，寓意“光明”。

明代天子之服有六种，一曰衮冕服，二曰通天冠服，三曰皮弁服，四曰武弁服，五曰常服，六曰燕弁服。除天子之服外，明代的其他服饰也品种繁多。

衮冕服

衮冕服，祭天地、宗庙、社稷、正旦、冬至、圣节、社稷、先农、册拜时穿用。衮服有十二章纹。玄衣八章，日、月、龙在肩，星辰、山在背，火、华虫、宗彝在袖（每袖各三）。十二章衮服实例可见于南薰殿旧藏帝王像（图 9-1），北京定陵明代万历帝墓也有实物出土（图 9-2、图 9-3）。

图 9-1　明世宗画像（南薰殿旧藏）

其式样为盘领大袖，窄袖口，领口右侧钉纽襻扣一对。大襟和小襟的外侧各钉罗带两根，左右腋下各钉罗带一根，用以系结固定。前襟和后背中部上、中、下各有三个团龙。

图 9-2　万历皇帝十二章圜领衮服（北京定陵出土）和结构图

图 9-3　万历皇帝十二章圜领衮服龙纹（北京定陵出土）

通天冠服

通天冠服为郊庙、省牲，皇太子诸王冠婚、醮戒时穿用。通天冠（图9–4），加金博山，附蝉十二，首施珠翠，黑介帻，组缨，玉簪导。绛纱袍（图9–5），深衣制。白纱内单（图9–6），皂领褾襈裾。绛纱蔽膝，白假带，方心曲领（图9–7）。白袜，赤舄（图9–8）。其革带、佩绶，与衮服同。因为绛纱袍是上下一体的深衣制，所以未配下裳（在传统服制中，下裳是与上衣配套使用），但却加饰了本应与下裳配套使用的蔽膝。这应该是明代制度的一个创举。

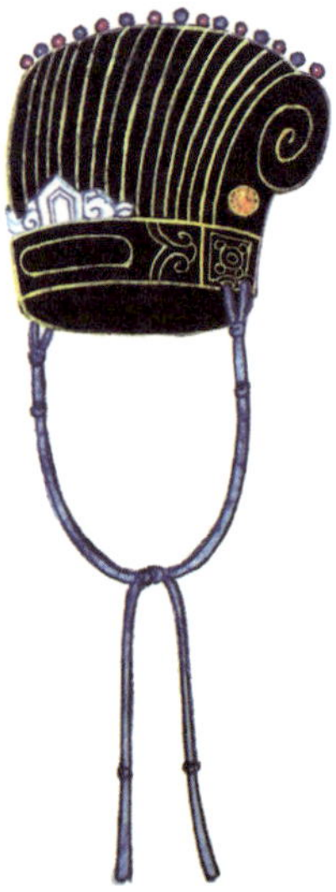

图9–4 《明宫冠服仪仗图》中的通天冠

图9–5 《明宫冠服仪仗图》中的绛纱袍

图9–6 《明宫冠服仪仗图》中的白纱内单

图9–7 《明宫冠服仪仗图》中的方心曲领

图9–8 《明宫冠服仪仗图》中的白袜、赤舄

武弁服

武弁服为明代皇帝亲征遣将时穿用（图9–12、图9–13）。弁冠，赤色，上锐，上十二缝，中缀五采玉，落落如星状。身着韎衣、韎裳、韎韐，俱赤色。佩、绶、革带，如常制。佩绶及韎韐，俱上系于革带。舄如裳色。

皮弁服

明代皇帝皮弁服为朔望视朝、降诏、降香、进表、四夷朝贡、外官朝觐、策士传胪时穿用。皮弁冠（图9–9），乌纱为表，前后各十二缝，每逢缀五彩玉十二以为饰，玉簪导，红组缨。绛纱衣（图9–10），白纱内单（图9–11），蔽膝随衣色。白玉佩革带。玉钩苾，绯白大带。白袜，黑舄。

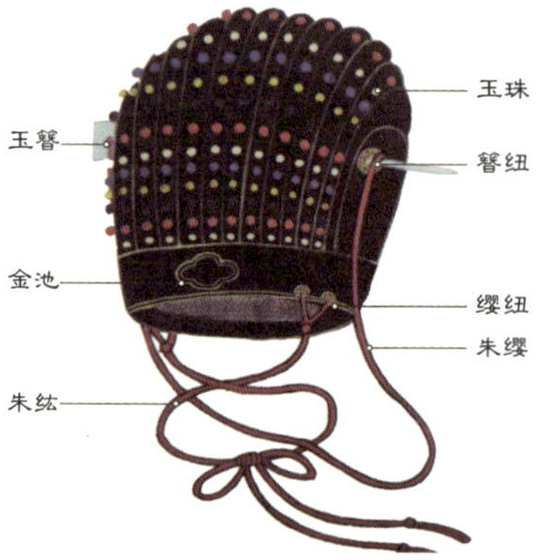

图9–9 《中东宫冠服》中的十二缝皮弁冠

图9–10 《中东宫冠服》中的绛纱衣

图9–11 《中东宫冠服》中的白纱内单

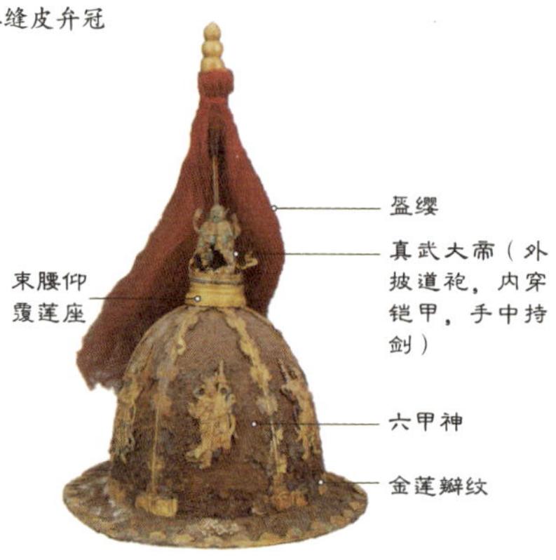

图9–12 明代皇帝盔甲（北京明神宗定陵出土）

图9–13 《出警入跸图》中身穿戎服骑马出行的明代皇帝（台北故宫博物院藏）

皇帝常服

明代皇帝常服使用范围最广，如常朝视事、日讲、省牲、谒陵、献俘、大阅等场合均穿常服。

永乐三年定，冠以乌纱冒之，折角向上，其后名“翼善冠”。其实物如北京定陵万历皇帝墓出土的金丝翼善冠（图 9–14），出土时一顶戴在万历帝头上，以金丝编结制成，椭圆形冠口，嵌金口圈，内宽 1.8 厘米，外宽 0.2 厘米。冠通高 24 厘米，后山高 22 厘米，冠宽 14.7 厘米，冠口径 20.5 厘米，重 826 克。分作前屋、后山、角三部分，以粗金丝连缀，两个折角单独编成，下部插入长方形管内，后山嵌二龙戏珠。围绕后山下沿饰卷草纹花边一周，宽 0.3 厘米。冠上二龙戏珠，龙头结构分明，龙角另行制作然后焊接成立体状，背鳍排丝均匀流畅，龙身两侧以粗金丝为骨，龙身、龙腿、龙爪、背鳍和火球系用累丝方法编成镂空鳞状，龙身上的火焰是掐丝之后在火焰线形外框中填丝。

乌纱翼善冠（图 9–15），北京定陵出土，用细竹丝编成六角形绸络状纹作胎，漆黑漆，内衬一层红素绢，外蒙一层黄素罗，再以双层黑纱敷面。后山前面嵌二龙戏珠，龙身为金累丝制成，龙首、鳍、爪系打造而成。每条龙各宝石十四块（猫眼石、黄宝石各两块，红、黄宝石各五块），珍珠五颗（已全部腐朽）。冠后插金翅折角两个。折角作圆翅形，系用金片折卷制成，槽内残留有竹丝、细纱，证明折角内原也有竹胎纱面。下部为金制扁筒形插座，正面浮雕有升龙，下为三山形。龙首托字，一为“万”字，一为“寿”字。背面饰有云纹，两侧各有三个孔鼻，可以用线缝缀在冠盒上。冠沿缀有金累丝卷草纹花边，宽 0.8 厘米。冠径 19 厘米，通高 23.5 厘米。

服饰为在前后及两肩各织金盘龙一条的盘领窄袖黄袍（图 9–16），腰束玉带，脚穿皮靴。皇太子、亲王、世子、郡王的常服形制与皇帝相同，但袍用红色。

据《明史·舆服志》所载，洪武三年（1370 年）定明代皇帝常服“盘领窄袖袍”（盘领也称“圆领”），是唐代以降官制服装的主要形制（图 9–17、图 9–18）。

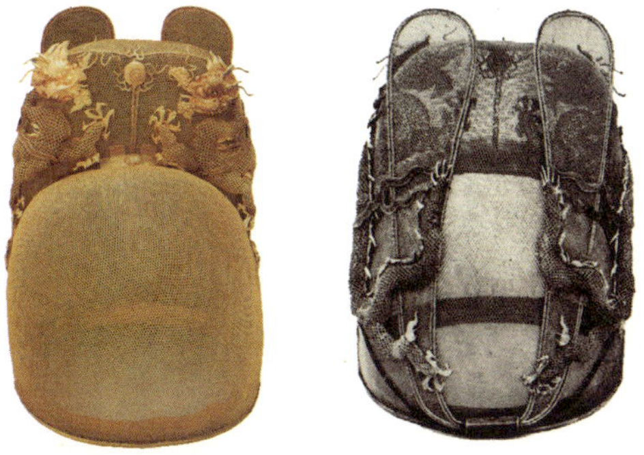

图 9–14　金丝翼善冠（北京定陵万历皇帝墓出土）

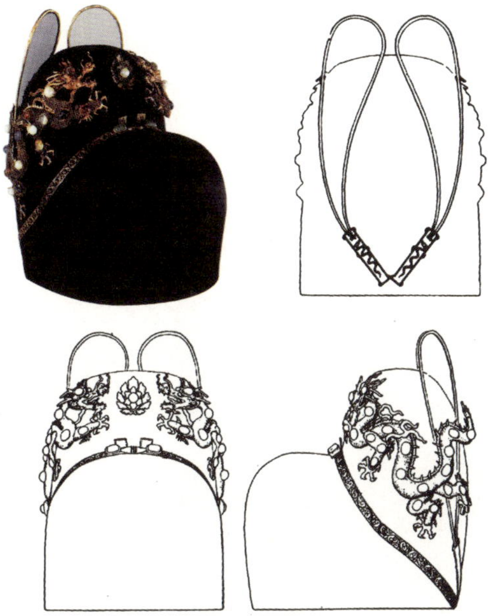

图 9–15　乌纱翼善冠（北京定陵万历皇帝墓出土）

图 9–16　《中东宫冠服》中的盘领窄袖黄袍

永乐三年（1405 年），明成祖朱棣又在“盘领窄袖”的基础上在两肩和前后胸加饰织金盘龙。明英宗时，又在两肩团龙之上又加饰日（左肩）、月（右肩）纹章。

龙纹是中国古代统治阶层最重要的图案纹样（图 9–19）。考察北京定陵出土服装实物，共有龙袍 62 件，主要有以下四种式样（图 9–20）。

第一种是十二团龙十二章衮服。第二种是四团龙袍，在前胸、后背和两肩各饰团龙纹一个，其中胸背为正龙，两肩为行龙。在此基础上，清代皇帝吉服袍又出现了“品”字形团龙布局的新形式。第三种是柿蒂形龙袍，在盘领周围的两肩和胸背部形成柿蒂形装饰区。该种式样又可分为 a 式和 b 式两种：在两肩（行龙）、胸背（正龙或行龙）装饰四条龙和在柿蒂形内装饰两条过肩龙（龙头为正面，居于前胸后背，龙尾向肩部围绕，明代称这种纹案为“喜相逢”式），如明代柿蒂龙纹织成袍服（图 9–21）。第四种是过肩通袖龙襕袍，即在第三种 b 式的基础上在袖部和前后襟下摆装饰有行龙的横襕。

图 9–17　明太祖朱元璋像（南薰殿旧藏）

图 9–18　明宣宗朱瞻基像（台北故宫博物院藏）

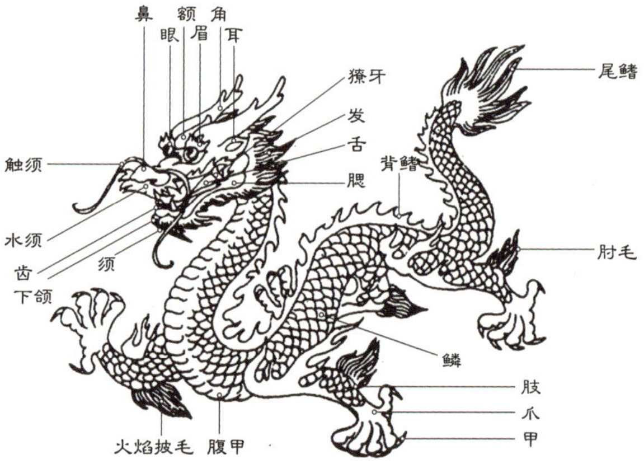

图 9–19　明代龙纹各部位名称

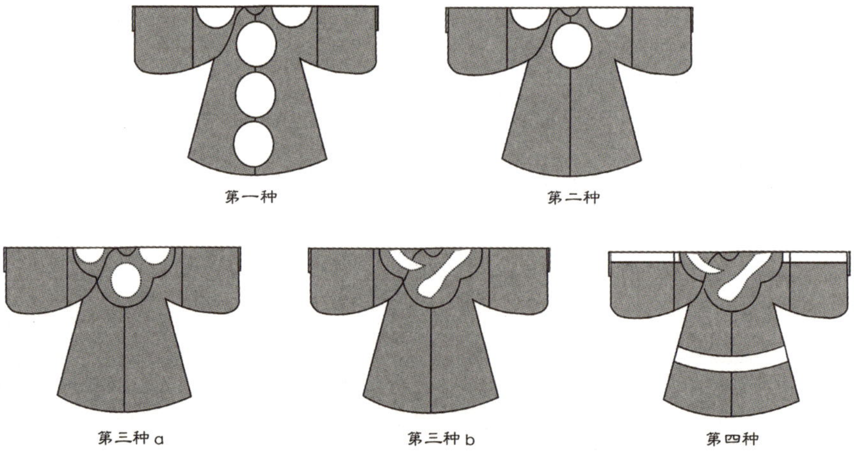

图 9–20　明代龙袍分布式样图

图 9–21　明代柿蒂龙纹织成袍服

朝服

明代官员在大祀庆成、正旦、冬至、圣节及颁降开读诏赦、进表、传制时穿朝服（图 9–22）。头戴梁冠，以冠上梁数为差（图 9–23）。朝服为赤罗衣（图 9–24），白纱中单（图 9–25），青饰领缘，赤罗裳（图 9–26），青缘，赤罗蔽膝，大带赤、白二色绢，革带，佩绶，白袜黑履。

图 9–22　颍国武襄公杨洪像（美国国立亚洲艺术博物馆藏）

图 9–23　明代五梁冠（山东博物馆藏）

图 9–24　明代赤罗朝服上衣（山东曲阜博物馆藏）

图 9–25　明代白纱中单（山东曲阜博物馆藏）

图 9–26　明代赤罗裳（山东曲阜博物馆藏）

公服

明代官员每日早晚朝奏事及侍班、谢恩、见辞时穿公服（图 9–27、图 9–28）。在外文武官，每日公座服之。头戴幞头（图 9–29），展脚长一尺二寸，身穿盘领袍，袖宽三尺（图 9–30）。

图 9–27　陆昶画像（南京博物馆藏）

图 9–28　明代《中东宫冠服》中的公服

图 9–29　明代展脚幞头（山东曲阜孔府旧藏）

图 9–30　明代素面赤罗袍（山东省博物馆藏，由山东曲阜孔府旧藏调拨）

图 9-31 明代身穿常服的沈度像

图 9-32 明代官员常服像

图 9-33 头戴幞头、身穿蟒服的明代官员王鏊像

图 9-34 明代平翅乌纱帽（山东曲阜孔府藏）

图 9-35 明代云鹤红罗圆领袍（山东曲阜孔府旧藏）

图 9-36 明代麒麟吉服袍（山东曲阜孔府藏）

图 9-37 斗牛

图 9-38 飞鱼

常服

洪武三年（1370 年），明政府规定文武官凡常朝视事、日常生活穿常服（图 9-31 ～图 9-33），头戴乌纱帽（图 9-34），身穿圆领袍（图 9-35）。因圆领袍胸前、背后各缀一方形补子，故也称补服。文官绣双禽示文明：一品仙鹤，二品锦鸡，三品孔雀，四品云雁，五品白鹇，六品鹭鸶，七品鸂鶒，八品黄鹂，九品鹌鹑。武官绣兽示威武：一品、二品狮子，三品、四品虎豹，五品熊罴，六品、七品彪，八品犀牛，九品海马。杂职：练鹊。风宪官：獬豸。

赐服

除补服之外，还有皇帝特恩授予特定人物的赐服，即一品斗牛，二品飞鱼，三品蟒，四品、五品麒麟，六品、七品虎、彪等纹样袍服。蟒是四爪的龙形动物。麒麟为传说中的鹿身、牛尾、马蹄、鱼鳞状的仁兽（图 9-36）。斗牛的外形与龙、蟒相类，斗牛角为弯曲状，龙的角为直角（图 9-37）。身上有翼和鱼尾的蟒形动物称飞鱼（图 9-38）。在明代，飞鱼服是仅次于蟒服的一种赐服。

曳撒

曳撒，其式当是前代“质孙”服的遗制，大襟右衽、长袖，后身为整片，前身为两截，腰下有细褶（中间不折），两腋缀摆。明初用于官吏及内待（图9–39）。有官者衣色用红，上缀补子；无官者衣色用青，无补。至明代晚期，演变为士大夫阶层常服，礼见宴会均可着之。

图 9–39 《朱瞻基行乐图》中身穿曳撒的人物形象

图 9–40 《朱瞻基行乐图》中身穿贴里的皇帝形象

图 9–42 清人徐璋绘《松江邦彦画像册》中的南太仆寺卿林景旸像

直身

直身为道士、僧人所着之袍，以素布为之，交领右衽，大袖宽摆（图9–42），也有在衣缘四周镶以黑边。明代时为士庶男子闲居、礼见所穿的服装。明代皇帝直身色用大红，普通人只准用天青、黑绿、玄青等色。直身两侧开裾，大、小襟及后襟两侧各

贴里

贴里是明代内臣（宦官）所穿的袍服，大襟窄袖，下长过膝。膝下施一横襕，所用颜色有所定制，视职司而别（图9–40、图9–41）。明初规定，近侍用红色，缀本等补子；其余宦官用青色，不缀补子。万历年间（1573—1620年），宦官魏忠贤专权揽政，于蟒贴里膝襕下再加一襕，称三襕贴里，两袖上各加两条蟒襕，另在胸、背等处织绣各式图纹，遍赏于近人亲信。

图 9–41 柿蒂窠过肩蟒妆花罗贴里（北京南苑苇子坑明墓出土）

图 9–43 明衍圣公一品蓝暗花纱缀绣仙鹤补子交领直身（山东曲阜孔府旧藏）

接一片摆在外（共四片），有些会在双摆内再各加两片衬摆。双摆的结构是区分道袍和直身的标志。明代直身实物如山东曲阜孔府旧藏明衍圣公一品蓝暗花纱缀绣仙鹤补子交领直身（图9–43）。

图 9-45 《睢阳五老图》中毕世长像

图 9-46 宋代赵佶绘《听琴图》中身穿直裰的弹琴者形象

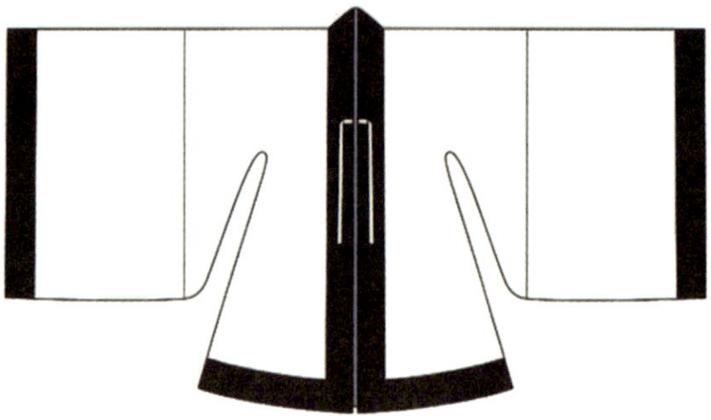

图 9-44 明代鹤氅示意图（贾玺增绘制）

图 9-47 元代王蒙《葛稚川移居图》局部

图 9-48 元代任仁发《张果老见明皇图》

图 9-49 元代陈芝田绘《吴全节十四像并赞卷》

图 9-50 明代士人像

鹤氅

鹤氅（图 9-44）是中国古代隐士、仙人、道士或文人雅士所穿服装。鹤氅在晋代已有记载，如《晋书·谢万传》：“著白纶巾，鹤氅裘。”又如记录魏晋名士逸闻轶事、玄言清谈的《世说新语》载：“（孟昶）尝见王恭乘高舆，被鹤氅裘。于时微雪，昶于篱间窥之，叹曰：‘此真神仙中人。’”其中所谓的“鹤氅裘”可能是指鹤氅以仙鹤羽毛或其他鸟羽合捻成线织成的大袖裘衣。中国自古就有以鸟羽作服的风尚。

“鹤氅裘”也可能是指传阎立本绘《历代帝王图》中陈文帝身穿的裘衣。其式样与《睢阳五老图》中毕世长（图 9-45）、《听琴图》中的氅衣相同，即衣长至足踝处，大袖垂地，胸前衣襟处有衿带系束（图 9-46）。在日常穿着时，对襟的鹤氅内多搭交领中衣，这样可以形成很好的层次与搭配效果。

宋代之后，文人服鹤氅的风气不衰。元代杂剧、散曲家乔吉《折桂令·自述》云：“华阳巾鹤氅蹁跹，铁笛吹云，竹杖撑天。”元末画家王蒙《稚川移居图》和《葛稚川移居图》（图 9-47）中的葛洪（葛稚川）均着对襟大袖鹤氅。《稚川移居图》中的葛洪坐在牛背上，头戴小冠，身穿白色深缘鹤氅，双手执一展开手卷；《葛稚川移居图》中的葛洪站立桥上，也是头戴小冠，身穿浅蓝色深缘鹤氅，左手执羽扇，右手牵鹿。北京故宫博物院藏元代任仁发《张果老见明皇图》中张果老的外衣也是玄色大袖鹤氅，一派仙风道骨的风貌（图 9-48）。

到了明代，除了传统深灰色和青色，还流行浅色衣身的鹤氅，领袖衣襟均施有深色缘边。元代陈芝田绘《吴全节十四像并赞卷》中的吴全节即穿着浅色鹤氅（图 9-49）。这与明代无名氏士人像（图 9-50）中的穿着极为相似。

凤冠翟衣

明代皇后在受册、谒庙、朝会时头戴九龙四凤冠（图9–51），身穿袆衣（图9–52、图9–53），内套玉色纱中单。佩饰为玉革带。五彩大绶一，小绶三。玉佩两副。青色描金云龙袜、舄（图9–54），每舄首饰珠五颗。

图9–51 明代十二龙九凤冠（北京定陵出土）

图9–52 明代《中东宫冠服》中的袆衣

图9–53 明代《中东宫冠服》中的蔽膝

图9–54 明代《中东宫冠服》中的青色袜和舄

黄色大衫

皇后常服为首服翠叶凤冠，身穿黄色大衫（图9–55～图9–57）。深青色绣团龙四䙓袄子（即褙子）。红色鞠衣，配饰为红线罗大带，黄色织金彩色云龙纹带、玉花彩结绶。青袜舄。

图9–55 明成祖仁孝皇后像（左）和明代孝纯皇后像（右）（南薰殿旧藏）

图9–56 明代《中东宫冠服》中的黄色大衫

图9–57 大衫实物（江西南昌华东交通大学校园内明代宁靖王夫人吴氏墓出土）

鞠衣

鞠衣为明代品官命妇冠服。首服为特髻，其上按等级装饰翠松、口衔珠结金翟、珠翠花、珠翠梳、金云头连三钗、珠帘梳等饰物。服装为真红大袖衫、红色鞠衣（前后织金云龙纹，或绣或铺翠圈金，饰以珠）、红线罗大带、深青色霞帔、褙子等。

明代命妇鞠衣实物如2001年江西南昌宁靖王夫人吴氏墓出土的妆金团凤纹补鞠衣（图9–58）。衣身上下分裁，腰部缝合；大襟右衽、圆领，领口在右肩上部开口，用一盘扣系结；衣身外襟与衣身用两组系带系结，内襟与右腋内里一组系带系结；袖根部收紧，袖摆肥大，袖口收拢；腰部两侧前后共捏有四个腰褶，褶自腰部向上缝合至胸部两侧。向下为活褶呈散开状，下摆呈扇形，围度更为宽大；下裙为十二幅梯形面料拼缝而成，裙长及踝；面料为五枚三飞缎，并于前胸、后背处织妆金“鸾凤云纹”团补；鞠衣内无衬里，在大、小门襟边缘、两袖口、腰部接缝、裙摆侧缝及下摆内侧等处共贴缝十五条素绢边。

与明代妆金团凤纹补鞠衣同类的是山东曲阜孔府旧藏的明代赭红凤补女袍（图9–59）。后者衣长147厘米，腰宽41厘米，袖通长201厘米。盘领、右衽大襟、宽袖收口，下摆前短后长，前胸后背各缀一彩绣流云双凤纹团形补。明代赭红凤补女袍的衣裳相连，为整幅布裁剪而成，且下摆两侧开衩，前短后长，类似吴氏墓出土素缎大衫的下摆形制。《明宫冠服仪仗图》中有明代后妃鞠衣图示（图9–60、图9–61），其服饰整体廓型与吴氏墓出土的鞠衣的相似度十分接近。

图9–58　明代妆金团凤纹补鞠衣（江西南昌宁靖王夫人吴氏墓出土）

图9–60　《明宫冠服仪仗图》中明代皇后鞠衣图示

图9–61　《明宫冠服仪仗图》中后妃鞠衣图示

图9–59　明代赭红凤补女袍（山东曲阜孔府旧藏）

霞帔

明代霞帔（图 9–62）是命妇礼服（大衫霞帔）（图 9–63、图 9–64）的主要构成和标志元素。由于礼服的穿用场合很少，于是在一些吉服场合（新婚、寿诞、画像留影等），霞帔脱离了大衫单独搭配圆领袍或云肩通袖袍。

长245厘米，宽13厘米，罗质，一端裁成斜边，后缝合（呈尖角），另缝三条横襻，以悬挂帔坠。两带以扣襻为中心分为前后两段，前段绣有四只翟鸟，后段绣三只翟鸟。每只翟鸟长约17厘米，展翅，直尾。

图 9–62 明代霞帔（江西南昌华东交通大学校园内明代宁靖王夫人吴氏墓出土）

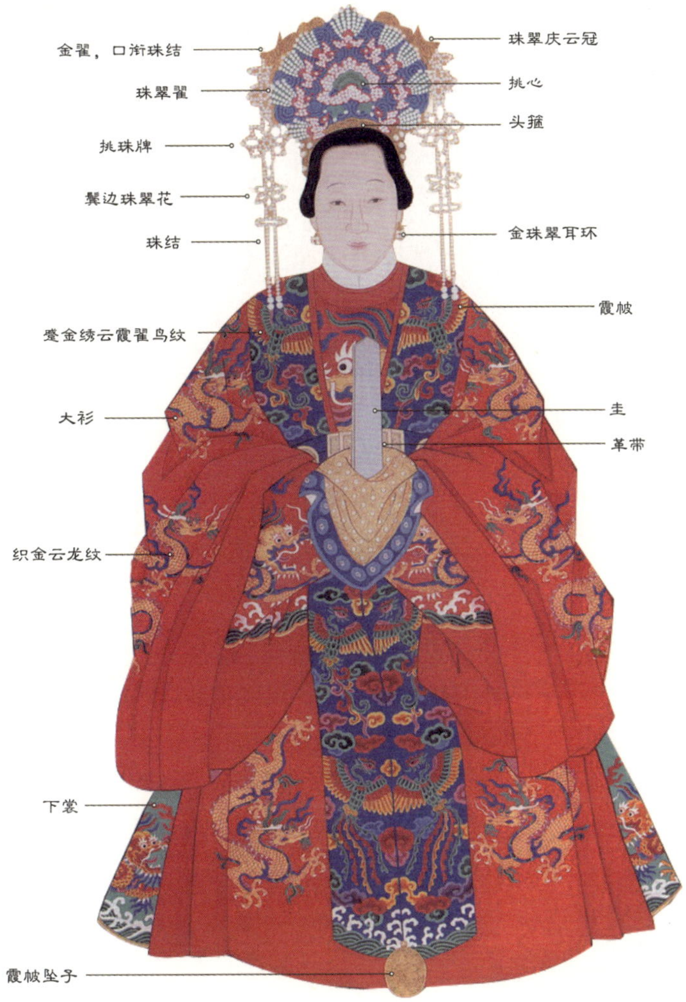

图 9–64 明代命妇礼服各部位名称示意图

坠子

明代霞帔坠子制作越发精美。实物如江西南昌明墓出土的明代凤纹金帔坠（图 9–65）、河南上蔡明太祖朱元璋之孙顺阳王墓出土的金凤纹帔坠（图 9–66）。

图 9–63 明代命妇像（普林斯顿大学艺术博物馆藏）

图 9–65 明代凤纹金帔坠（江西南昌明墓出土）

图 9–66 金凤纹帔坠（河南上蔡明太祖朱元璋之孙顺阳王墓出土，河南博物院藏）

图 9-67　明中期驼色暗花缎织金鹿纹方补斜襟短绵袄

图 9-68　明代驼色缠枝莲地凤襕妆花缎裙

图 9-69　明代印金膝襕女裙

短襦

明代妇女常服主要有衫、袄、褙子、比甲及裙子等。明代女装大体分礼服和常服两种。衣服的基本样式，大多仿自唐宋。上襦下裙的服装形式，在明代妇女服饰中仍占一定比例。上襦为交领、长袖短衣，有的还在其胸背部织绣有精美纹样的补子。其式样如北京地区出土的明中期驼色暗花缎织金鹿纹方补斜襟短绵袄（图 9-67）。

长裙

明代女裙式样更新，异彩纷呈：从质料上分有绫裙、绵裙、罗裙、绢裙、绸裙、丝裙、纱裙、布裙、麻裙、葛裙等；从工艺上分有画裙、插绣裙、堆纱裙、蹙金裙、细褶裙、合欢裙、凤尾裙等；从色泽上分有茜裙、郁金裙、绿裙、桃裙、紫裙、间色裙、月华裙、青裙、蓝裙、素白裙等，除了诏令严禁的明黄、鸦青和朱红外，裙色尽可随意。

裙子的颜色，在明代初期尚浅淡，虽有纹饰，但并不明显，如明代驼色缠枝莲地凤襕妆花缎裙（图 9-68）。至崇祯初年（1628 年），裙子多为素白，刺绣纹样仅在裙幅下边一两寸部位缀以一条花边，作为压脚（图 9-69）。裙幅初为六幅，即所谓“裙拖六幅湘江水”；后用八幅，腰间有很多细褶，行动则如水纹。

图 9-70　四合如意式云肩

四合取东南西北四方吉祥、如意之寓意。

图 9-71　红缎地盘金打籽绣云肩

长90厘米，宽90厘米，用24枚如意云头纹组成，分别用不同颜色的绸缎配色，如意云头上面平绣吉祥花卉，用盘长纹衔接其间。

图 9-72　清代盘长纹四合如意云肩（现藏于北京民俗博物馆）

图 9-73　孔雀尾羽饰八垂云云肩

云肩

云肩最初只是用以保护服装领口和肩部不受污染，后逐渐演变成为一种装饰物，多以彩锦绣制而成。大多数云肩由“X”形放射状的四个云纹组成，叫四合如意式云肩（图 9-70）。其造型外方内圆，象征天圆地方，如红缎地盘金打籽绣云肩（图 9-71）、清代盘长纹四合如意云肩（图 9-72）。

除了四合如意式，云肩造型还有旋转式放射形、象征四时八节的“米”字形、柳叶式、荷花式，上面附有吉祥命题，如富贵牡丹、多福多寿、连年有余等。有的云肩还用孔雀尾羽装饰（图 9-73）。明朝初期，云肩多用于宫廷庆祝元旦及朝会的礼乐仪队中的女性歌舞伎。随后，云肩普及到社会各个阶层女性，成为青年女性婚嫁时不可或缺的衣饰。

一口钟

一口钟，亦作“一口中”“一口总”“一扣衷”，又称“罗汉衣”，是指一种没有袖子、不开衩的长衣，男女都可穿用。其以质地厚实的布帛为之，制为双层，中间或细絮棉。因领口紧窄，下摆宽大，形如覆钟而得名。南北朝时已有，明代时谓“假钟”。明代方以智《通雅》卷三十六载：“假钟，今之一口钟也。”明清时期尤为流行，不分男女均可穿着，多用于冬季（图 9–74）。在清代，官员可穿于补服之外，但蟒服外不可穿用。行礼时需脱去一口钟，否则视为非礼。

披风

披风是男女通用的对襟长袖大衣，明代后期流行。《红楼梦》中反复出现披风。《三才图会》载：“褙子，即今披风。”披风是大袖，对襟直领，领长约一尺，扣纽闭合，两边开衩，无深色缘边（图 9–75）；氅衣的领、袖、襟有深色缘边，有带子系合，腋下无衩。江西南城明益宣王墓出土的黄缎绣花夹披风（图 9–76），两襟之间用锦带扣系，在领部、袖缘及衣身的云肩、通袖襕、膝襕处均绣有云龙海水纹样。整件披风共绣龙纹 12 条，非常华丽精美，应是益宣王生前所穿。

图 9–74 缎地盘金龙斗篷

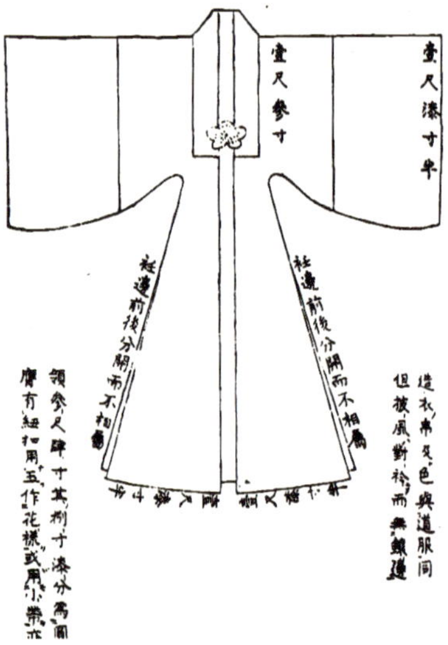

图 9–75 明代披风款式图

图 9–76 黄缎绣花夹披风（江西南城明益宣王墓出土）

水田衣

水田衣是一种以各色零碎锦料拼合缝制成的服装（图 9–77），因整件服装面料色彩互相交错、形如水田而得名。水田衣具有其他服饰所无法具备的特殊效果，简单而别致，所以在明清妇女中间赢得普遍喜爱。据说在唐代就有人用这种方法拼制衣服，王维诗中就有“裁衣学水田”的描述。水田衣的制作，在开始时还比较注意匀称，各种锦缎料都事先裁成长方形，然后再有规律地编排缝制成衣。到了后来就不再那样拘泥，织锦料子大小不一，参差不齐，形状也各不相同，与戏台上的“百衲衣”十分相似，如明清江南画家绘《燕寝怡情》中身穿水田衣的女性形象（图 9–78、图 9–79）。

图 9–77　水田衣（清华大学艺术博物馆藏）

图 9–78　《燕寝怡情》中身穿水田衣的女性形象

图 9–79　雍乾时代穿水田背心的女子

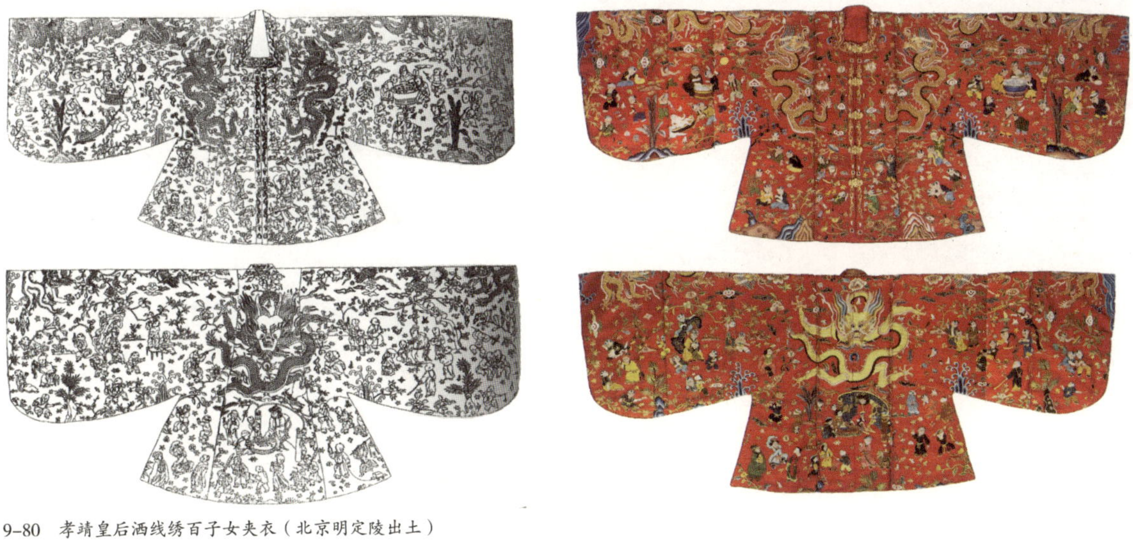

图 9–80　孝靖皇后洒线绣百子女夹衣（北京明定陵出土）

百子衣

《红楼梦》第五十一回中有袭人身穿“桃红百子缂丝银鼠袄子”的记载。百子纹样为吉祥图案，寓意多子多福。宋代词人辛弃疾《稼轩词·鹧鸪天·祝良显家牡丹一本百朵》一词云：“恰如翠幙高堂上，来看红衫百子图。”北京明定陵出土的孝靖皇后的两件洒线绣百子女夹衣（图 9–80），衣上精致地绣有 100 个童子，共约 40 余个场景，有斗蟋蟀、戏金鱼、练武、摔跤、踢毽子、爬树摘果、站凳采桃、放风筝、玩陀螺、放爆竹、捉迷藏等。

明代戎服

明代初期军服继承了宋、元形制，至明中期，原来的铠甲渐渐被弃用，锁子甲和布面甲逐渐成为主流。明代甲胄种类有齐腰甲、柳叶甲、长身甲、鱼鳞甲、曳撒甲、圆领甲，以及改良于蒙古人锁子甲的铁网甲。明代军戎服装比较完备，自上而下有铁盔、身甲、遮臂、下裙、卫足。明代甲胄较之前代在胸腹部的保护上更进一层，前胸出现了护心镜装置，增加了胸部的抗冲击性，束甲绦多用丝绵帛带，束甲绦与腹下宽大的圆形腹甲形成互相连接的一个保护系统。其形象如明代商喜绘《关羽擒将图》中关羽等人穿的盔甲服饰（图 9–81）。

明代戎服有一种叫"胖袄"的服饰，制为长齐膝，窄袖，内实以棉花，颜色为红，所以又称"红胖袄"。骑士多穿对襟，以便乘马。作战所用兜鍪，多用铜铁制造，很少用皮革。将官所穿铠甲，也以铜铁为之，甲片的形状，多为"山"字纹，制作精密，穿着轻便。兵士则穿锁子甲，在腰部以下，还配有铁网裙和网裤，足穿铁网靴。

罩甲是明代最常见的戎服，方领或圆领对襟无袖衣，下长过膝，两侧及后部开裾，方便骑乘。其制始于明武宗时。相传武宗尚武，于宫内组织团营，令宦官练习骑射，以罩甲为戎服。实战罩甲一般在甲身外侧或内侧缀有金属甲片作为保护。仪仗罩甲更注重装饰性，大多只在甲身外侧装饰有金属圆钉。罩甲有短至齐腰部，如明万历刻本《元曲选》插图中总兵提督所穿的罩甲（图 9–82），由鱼鳞、琐子、柳叶三种不同材料组合成。罩甲也有长将齐足，下垂丝穗，上绣种种花纹，如明万历刻本《水浒传》插图（图 9–83）、明刻本《义烈传》插图（图 9–84）和明人绘《王琼事迹图》（图 9–85）中的式样。

图 9–81　明代商喜绘《关羽擒将图》

图 9–82　明万历刻本《元曲选》中身穿罩甲的总兵提督

图 9–83　明万历刻本《水浒传》插图

图 9–84　明刻本《义烈传》插图

图 9–85　明人绘《王琼事迹图》

第十章　清代

清代：1616—1911 年

清代（1616—1911 年）是中国以满族为主要统治阶级的最后一个封建王朝。1616 年，努尔哈赤（图 10–1）征服建州女真各部后建立了后金政权。1636 年改国号为清。1644 年，顺治帝福临入主中原。至 1911 年辛亥革命宣告清王朝灭亡，清王朝统治共计 295 年。

图 10–1　清太祖努尔哈赤朝服像

清政府统一国家疆域，经顺治、康熙帝励精图治，社会生产得到了积极的发展，产生了一个社会安定，经济、文化都比较繁荣的时期——“康（熙）乾（隆）盛世”。

在清之初，政府颁发了“剃发令”，强令其统治下的全国各民族改剃满族发型，实行“留头不留发，留发不留头”的高压政策。由于各族人民的强烈反对，在执行上变通为“十降十不降”制度。如“生降死不降”，指男子生前要穿满人衣装，死后可服明朝衣冠入葬；“老降少不降”，指儿童可穿明代或之前的传统服饰；“男降女不降”，指女子并未被要求改换服饰；“妓降优不降”，指娼妓穿着清廷要求穿着的衣服，演员扮演古人时则不受服饰限制；“官降民不降”，指官员在服饰上要求严格，但一般民间尤其是广大农村地区，仍可穿着明朝衣冠。这似乎是清朝初建时在服饰问题上与民间达成的一种“协议”，其实也是朝代交替变更期间服饰民俗演化的必然现象。

清代服饰制度，反映了清代社会政治制度的特点。它既借鉴汉族服饰中的某些元素，如以中国传统的十二章纹作礼服和朝服上的纹饰，以绣有禽兽的补子作为文武官员职别的标识，又不失其本民族的传统礼仪和服饰习俗。

朝服

清代以前，祭服和朝服不论君臣皆分制，并根据不同祭祀礼节的轻重，选择不同等级的祭服。到了清代，唯有皇帝才有祭服，其余人员朝、祭合一，这是清代冠服制度区别于其他朝代的地方。

清代皇帝朝服有朝冠（图 10–2）、朝服、朝珠（图 10–3）、朝带和套在朝服外的端罩（冬季之服）及衮服（百官穿补服）。

清皇帝冬朝冠上缀朱纬，帽檐顶饰金缕丝镂空金云龙嵌东珠三层宝顶，每层贯东珠各一颗，皆承以金龙四，余东珠如其数，上衔大珍珠一颗，在檐下左右各垂带，交系于颐下。清皇帝夏朝冠与冬朝冠形制相似，用织玉草或藤竹丝为之，外裱以罗。

清代皇帝朝服由披领和上衣下裳相连的袍裙组成，是清代皇帝登基、大婚、万寿圣节、元旦、冬至、祭天、祭地等重大典礼和祭祀活动时所穿的礼服（图 10–4）。其色以黄为主（图 10–5），南郊祈谷、雩祭（求雨）用蓝，朝日用红，夕月用月色（浅蓝色）。

清代皇帝冬朝服一式（图 10–6），两肩和前胸、后背各绣正龙一条，列十二章纹，间以五色云下平水江崖。下裳襞积绣行龙六条间以五色云，下平水江崖。下裳其余部位和披领全裱以紫貂，马蹄袖端裱以薰貂，自十一月初一至正月十五穿着。清代皇帝冬朝服二式与一式的区别在于腰帷处有行龙五条。清代皇帝夏朝服（图 10–7）整衣形式和花纹皆与冬朝服之第二式相同，唯其袍边均沿片金缘，且据气温变化有缎、纱材质，以及单、夹之分。

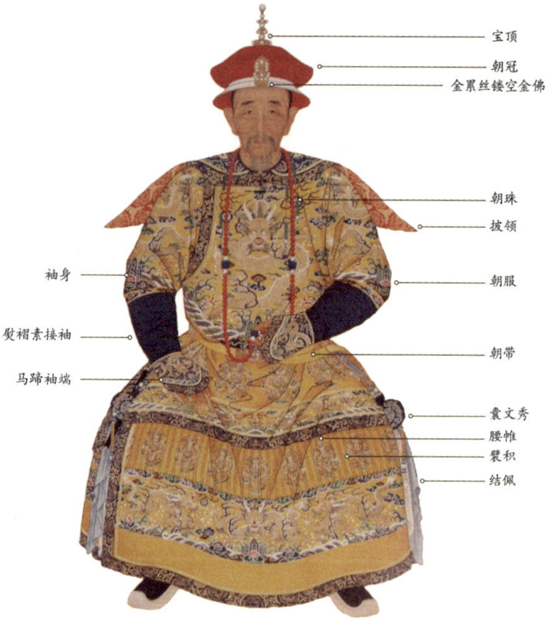

图 10–4　清代皇帝朝服名称示意图

图 10–5　清代皇帝朝服（蓝、黄、红和月色）

图 10–6　清代皇帝冬朝服一

图 10–2　清代皇帝冬朝冠

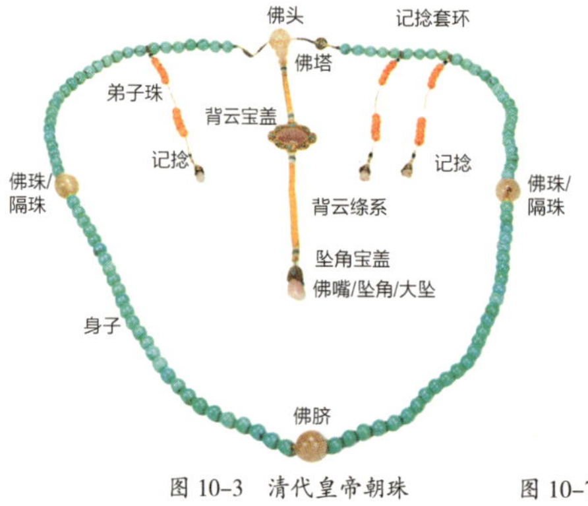

图 10–3　清代皇帝朝珠

图 10–7　清代皇帝夏朝服

衮服

衮服是清代皇帝祭天、祈谷、祈雨等场合套在朝服外面的外褂。其形制为圆领对襟，长与坐齐，袖与肘齐，石青色面，石青色扣鼻，五颗鎏金圆钮子。其织、绣或缂丝五爪正面金龙四团为纹，前胸、后背、两肩各一，左肩日、右肩月，团龙间以五色云，下海水江崖。其实物如清宫旧藏乾隆石青色缎缉米珠绣四团云龙夹衮服（图 10–8），穿着效果如清朝皇帝溥仪身穿衮服像（图 10–9）。

清代皇子所穿衮服只少日月纹，称为“龙褂”或“团龙补褂”，又因团龙补服上面所织的龙纹有四团：胸前一团，背后一团，左右肩各一团，故也称“四团龙补服”。团龙补服与皇帝衮服类似，是清代皇族才有资格穿的外褂。王公大臣和百官则无衮服，以补服替代。

端罩

端罩，满语叫“打呼”“褡胡”，是清代皇帝、皇子、诸王、高级官员等在冬季时替代衮服、补褂，套穿在朝袍、吉服袍等袍服外的一种翻毛外褂（图 10–10）。所用材料各有定制，以黑狐（亦称元狐或玄狐）为贵（图 10–11）。其形制似裘衣，长毛向外，圆领对襟，平袖至腕，下长过膝，左右衩微高，各缀一飘带。衬里则用软缎为之。文职四品及武职三品以下官吏，则无端罩。

下摆 125 厘米，开裾长 74 厘米，上半部为黑狐皮，毛长而具有光泽，下半部为貂皮，其毛尖均为白色，似一根根银针，是上等的貂皮料。其内衬明黄色暗花江绸里。端罩原有黄条，上书『黑狐皮端罩一件』。

图 10–11 黄色江绸黑狐皮端罩（清宫旧藏）

身长 110.7 厘米，两袖通长 114.4 厘米，袖口宽 27 厘米，下摆宽 148 厘米。领口系残断黄条，黄纸签墨书『高宗』『缎绣缉米珠龙绵金』等。衮服石青色缎面料，用五彩丝线、金线和米珠在胸、背及两肩绣五爪正面龙四团，并在左右肩分别饰日月二章。在团龙纹样内，间饰五彩流云和红色万字、蝙蝠和寿桃纹，寓意『万福万寿』。龙纹均用小米般大小的白色珍珠绣成，装饰效果立体感强。

图 10–8 乾隆石青色缎缉米珠绣四团云龙夹衮服及局部图案

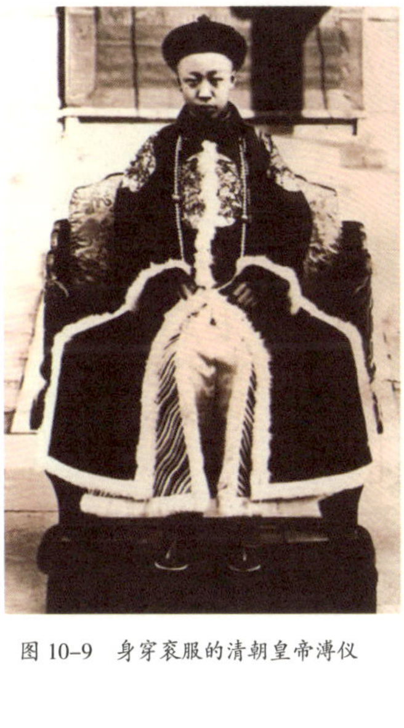

图 10–9 身穿衮服的清朝皇帝溥仪

图 10–10 外穿端罩的清代石文英像

图 10–12 清代皇帝缂丝十二章纹刺绣龙袍

图 10–13 《雍正帝读书像》

龙袍（吉服袍）

清代皇帝吉服也称龙袍（图 10–12）。清代皇帝龙袍属于吉服范畴，比朝服、兖服等礼服略次一等，日常穿着。龙袍上绣有九条龙（有一只是被绣在衣襟里面），如《雍正帝读书像》中的明黄色缂丝刺绣龙袍（图 10–13）。从其正面或背面看，只能看到五条龙，九五之数象征帝王九五之尊的地位。除了龙纹，还有五彩祥云、蝙蝠、十二章纹等吉祥纹样（图 10–14）。龙袍的下摆是波浪翻滚的水浪，水浪之上，又立有山石宝物，俗称“海水江涯”，寓意“绵延不断”“一统山河”“万世升平”。

与清代皇帝龙袍配套的服装有吉服冠（图 10–15）、吉服珠、吉服带（图 10–16）和尖底靴（图 10–17）。清代龙袍成为中国传统服饰的代表款式，被众多国内外时装设计师所关注，并演绎出诸多的时装设计作品。

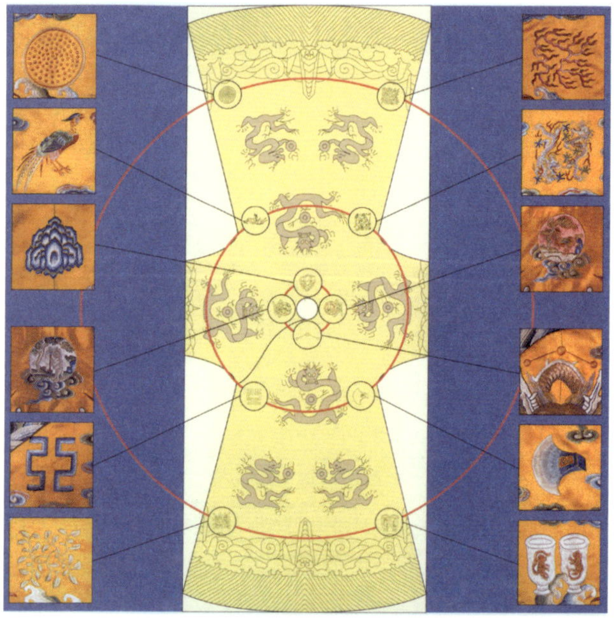

图 10–14 清代皇帝龙袍十二章纹分布图

图 10–15 清代皇帝吉服冠

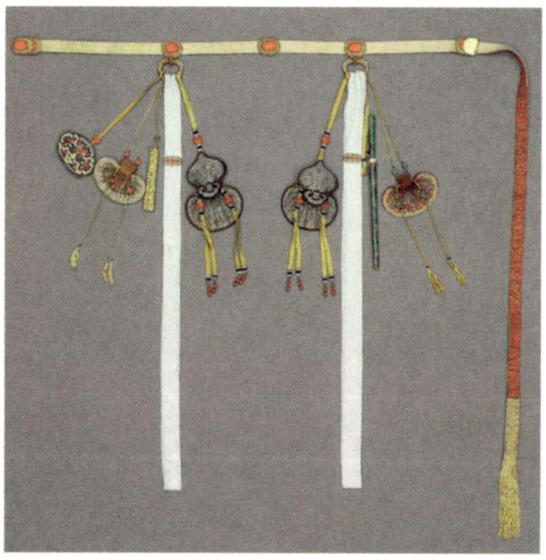

图 10–16 清代皇帝吉服带（台北故宫博物院藏）

明黄色丝织带，红色织金团龙缎衬里。带上饰镶珊瑚的方形带版四块，带版左右环上系湖色帉各一条，火镰一个、荷包四个、牙签筒一个、鞘刀一个。其中丝质挂件以金银线及五彩丝线施绣，绣工精细，金质挂件上镶绿松石。

图 10–17 清光绪明黄色缎绣云蝠金龙纹尖底靴

后妃朝服

与皇帝朝服系统相对的是后妃们的朝袍（图10–18）系统。清代皇太后、皇后、亲王、郡王福晋（满语“夫人”之意）及品官夫人等命妇的冠服与男服大体类似，只是冠饰略有不同。

清代皇太后、皇后朝冠，皆顶有三层，各贯一颗大东珠，各以金凤一只承接，每只金凤上饰东珠三颗、珍珠十七颗。皇太后、皇后、皇贵妃等人的冬朝袍皆为三式。第一式（图10–19）：披领及袖皆用石青色，袍边和肩上下装饰片金缘（冬天饰貂缘），胸背部各饰正龙各一条，下摆前后各饰升龙两条（三条龙呈品字型），袖端饰正龙一条，披领饰行龙两条，两袖接袖（在综袖上，只有女袍有）饰行龙各两条，中无襞积。第二式：胸背柿蒂形纹样装饰区内前后饰正龙各一条，与第一式不同，下摆无八宝平水纹装饰。第三式：其裾左右后三开，其余皆与冬朝服第一式相同。

清代后妃朝服系统主要有朝冠（图10–20）、耳饰（图10–21，一耳戴三钳）、朝珠（图10–22）、彩帨（图10–23）、领约（图10–24）和金约（图10–25）。

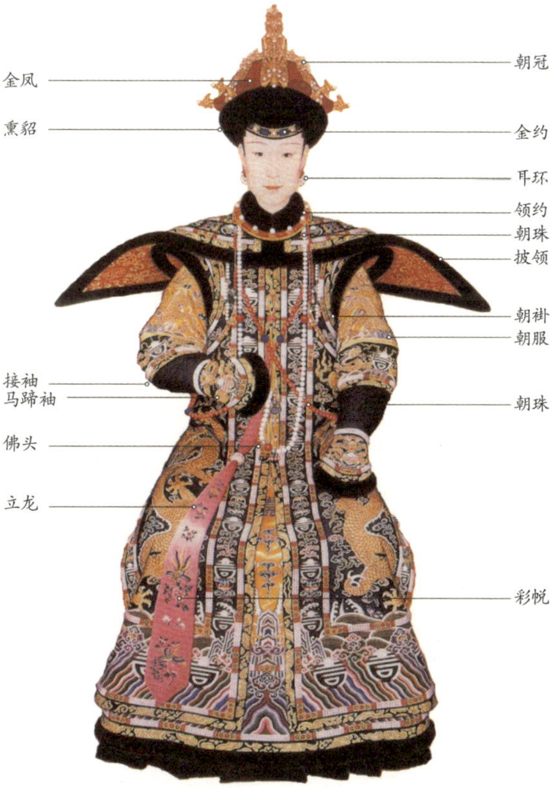

图10–18 清孝贤纯皇后朝服像

图10–19 清代皇太后冬朝袍第一式

图10–20 皇后夏朝冠

图10–21 清代绘画中女性一耳戴三钳细节局部

图10–22 《皇朝礼器图式》中的清代皇后朝珠

图10–23 清代湖蓝色琴棋书画纹样盘金绣彩帨

图10–24 清代金点嵌珊瑚珠领约

图10–25 清代后妃金约

朝褂

清代皇太后、皇后朝褂可分三种式样，均为圆领、对襟、左右开衩、平袖，长与袍同，石青色，其主要特征为：第一式（图 10–26），在褂前后绣立龙各二；第二式，在褂上部织绣半圆形（内填织绣正龙两条，前后各一）纹饰（图 10–27）；第三式，在褂前后织绣立龙各两条，中间没有襞积（图 10–28）。

图 10–26　清代皇太后朝褂第一式

图 10–27　清代皇太后朝褂第二式

图 10–28　清代皇太后朝褂第三式

朝裙

朝裙是清代后妃至七品命妇于朝会、祭祀之时穿在朝袍里面的礼裙，均以缎为面料（图 10–29 ～图 10–31）。皇太后至三平命妇的朝裙有冬、夏之制。皇太后、皇后、皇贵妃朝裙款式为右衽背心与大摆斜褶裙相连的连衣裙，在腰线有襞积，后腰缀有系带两根，可以系扎腰部。贵妃、妃、嫔、皇子福晋朝裙膝以上用红缎。民公夫人、一品命妇朝裙，冬以片金加海龙缘，上用红缎面料，下用石青行蟒妆花缎面料；夏用缎或纱。

图 10–29　清代皇太后朝裙

图 10–30　清中期后妃冬朝裙

图 10–31　石青色寸蟒妆花缎金版嵌珠石夹朝裙（北京故宫博物院藏）

龙褂

清皇太后、皇后龙褂为圆领对襟，紧身平袖，左右开衩，长与袍相应的服装。皇太后、皇后龙褂有两种（图 10–32 ～图 10–35），其余人为一种。皇子福晋、亲王福晋、郡王福晋、固伦公主所穿就叫吉服褂而不叫龙褂。

清代龙褂实物如清光绪石青色绸绣八团彩云金龙凤双喜纹女棉褂（图 10–36），圆领对襟，平口袖，左右不开裾，为有水直身式袍，内饰明黄色素纺丝绸里。领口缀铜鎏金錾花扣一枚。采用二至五色间晕相结合的装饰手法，在石青色江绸地上，于两肩、前后胸和前后下摆处彩绣八团金龙凤同合纹，两袖端以及下摆处绣海水江崖、五彩祥云等，以祝福婚姻美满。此件女龙褂又称“龙凤同合褂”，套穿在吉服袍（龙袍）之外，是专为光绪皇后大婚特别制作的。

清代龙褂实物又如北京故宫博物院藏清康熙石青色八团彩云蓝龙金寿字纹妆花缎女棉龙褂（图 10–37）。此龙褂应为孝庄文皇后御用，八团正龙，清代最高地位女性专用。褂以石青色缎为面，用十几种彩色纬线以“挖梭”的方法织金寿字蓝龙八团及海水江崖。

图 10–37　清康熙石青色八团彩云蓝龙金寿字纹妆花缎女棉龙褂（北京故宫博物院藏）

图 10–32　清代皇后龙褂第一式（清乾隆钦定《皇朝礼器图》）

图 10–33　清代皇后龙褂第一式实物

图 10–34　清代皇后龙褂第二式实物

图 10–35　清代皇后身穿龙褂像

图 10–36　清光绪石青色绸绣八团彩云金龙凤双喜纹女棉褂（北京故宫博物院藏）

补服

清代普通官员穿补服，其形制为圆领对襟，平袖，袖与肘齐，衣长至膝，门襟有5颗纽扣（图10–38）。

清代补服服色无品级差别，乾隆时期至清末年间为石青色。清代补子比明代略有缩小，且只用单只立禽，前后成对，但前片一般是对开的，后片则整片织在一起。亲王、郡王、贝勒、贝子等皇室成员用圆形补子；固伦额驸、镇国公、辅国公、和硕额驸、公、侯、伯、子、男以及各级品官，均用方形补子（图10–39、图10–40）。

清代文官补子纹样：一品仙鹤（图10–41、图10–42），二品锦鸡，三品孔雀，四品云雁，五品白鹇，六品鹭鸶，七品鸂鶒，八品鹌鹑，九品练雀。其具体式样可参见清代文官补子图鉴（图10–43）。武官补子纹样（图10–44）：一品麒麟，二品狮，三品豹，四品虎，五品熊，六品彪，七品、八品犀牛，九品海马。

与明代单独穿用的圆领大袖补服不同，清代的补服是穿在吉服袍外。当皇帝穿衮服、皇子穿龙褂时，王公大臣和百官穿补服相衬配，故有“外褂”之称。根据清代制度，在每年盛夏三伏期间，可以不穿补服，被称作“免褂期”。

图10–38 《曾国藩像》

图10–39 身穿补服的清代官员画像

图10–40 清人绘《万树园赐宴图》（局部）

图10–41 一品仙鹤暗花罗补服

图10–42 一品仙鹤暗花罗补服

一品仙鹤

一品仙鹤补，朝冠顶饰东珠一颗，
上衔红宝石，吉服冠用珊瑚顶。

二品锦鸡

二品锦鸡补，朝冠顶饰小宝石一块，
上衔镂花珊瑚，吉服冠用镂花珊瑚顶。

三品孔雀

三品孔雀补，朝冠顶饰小红宝石，
上衔小蓝宝石，吉服冠用蓝宝石顶。

四品云雁

四品云雁补，朝冠顶饰小蓝宝石，上衔青晶石，
吉服冠用青金石顶。

五品白鹇

五品白鹇补，朝冠顶饰小蓝宝石，上衔水晶石，
吉服冠用水晶石顶。

六品鹭鸶

六品鹭鸶补，朝冠顶饰小蓝宝石，上衔砗磲，
吉服冠用砗磲顶。

七品鸂鶒

七品鸂鶒补，朝冠顶饰小蓝宝石，
上顶素金顶，吉服冠用素金顶。

八品鹌鹑

八品鹌鹑补，朝冠阴文镂花金，顶无饰，
吉服冠用镂花素金顶。

九品练雀

九品练雀补，朝冠阳文镂金顶，
吉服冠用镂花素金顶。

图 10–43 清代文官补子图鉴

一品麒麟

一品麒麟补，朝冠顶饰东珠一颗，
上衔红宝石，吉服冠用珊瑚顶。

二品狮

二品狮子补，朝冠顶饰小宝石一块，
上衔镂花珊瑚，吉服冠用镂花珊瑚顶。

三品豹

三品豹子补，朝冠顶饰小红宝石，
上衔小蓝宝石，吉服冠用蓝宝石顶。

四品虎

四品老虎补，朝冠顶饰小蓝宝石，
上衔青晶石，吉服冠用青金石顶。

五品熊

五品熊补，朝冠顶饰小蓝宝石，
上衔水晶石，吉服冠用水晶石顶。

六品彪

六品彪补，朝冠顶饰小蓝宝石，
上顶砗磲，吉服冠用砗磲顶。

七品犀牛

七品犀牛补，朝冠顶饰小蓝宝石，
上顶素金顶，吉服冠用素金顶。

八品犀牛

八品犀牛补，朝冠阴文镂花金，顶无饰，
吉服冠用镂花素金顶。

九品海马

九品海马补，朝冠阳文镂金顶，
吉服冠用镂花素金顶。

图 10-44　清代武官补子图鉴

霞帔

明清两代命妇（一般为官吏之母、妻）亦备有霞帔，主要穿着于庆典朝会或吉庆场合。其形制为阔如背心的帔身，有后片和衣领，下施彩色流苏，在胸背正中缀与其丈夫官位相应的补子，显示身份（图 10–45）。

一、二品命妇霞帔纹样为蹙金绣云霞翟纹（翟，即长尾山雉）；三、四品命妇霞帔纹样为金绣云霞孔雀纹；五品命妇霞帔纹样为绣云霞鸳鸯纹；六、七品命妇霞帔纹样为绣云霞练鹊纹；八、九品命妇霞帔纹样为绣缠枝花纹。

武官之母、妻霞帔上的补子用鸟纹而不用兽纹，如武一品男补子织绣麒麟，武一品母、妻补子则织绣仙鹤（图 10–46、图 10–47），意思是女性娴淑，不宜尚武。此外，清代的平民妇女在出嫁之日可将霞帔作为礼服与凤冠一起穿戴。女补尺寸比男补略小，以示男尊女卑。

图 10–45　清代霞帔

凤冠

明代凤冠式样一直延续到了清代。清代凤冠实物如 1967 年江苏省出土的鎏金银凤冠（图 10–48），镇江博物馆收藏，凤冠银质，通体鎏金，冠帽饰四龙七凤，缠枝牡丹对绕其间，凤嘴叼衔串串流苏，冠顶缀两名朝官手持笏板，面向“奉天诰命”四字拱手而拜。

图 10–46　一品仙鹤暗花罗补服

图 10–47　一品仙鹤暗花罗补服

图 10–48　鎏金银凤冠（镇江博物馆收藏）

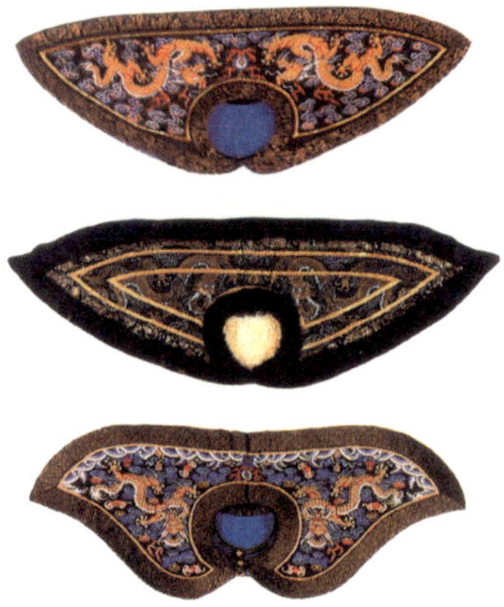

图 10–49 清代披领实物

图 10–50 身穿冬朝服的乾隆皇帝像

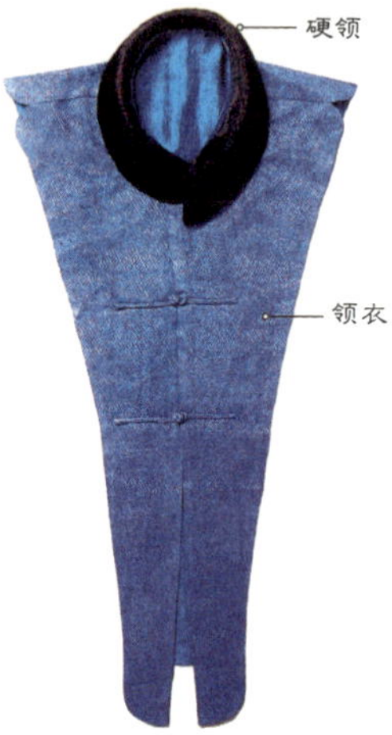

图 10–51 清代领衣实物

披领

清代服制规定，帝、后、王公大臣、八旗命妇在祭祀、庆典等礼仪场合，穿朝服时需配用披领。披领，又名“扇肩”“披肩”。清代披领有冬夏两种，冬天用紫貂或用石青色加海龙缘边，夏天用石青加片金缘边，男女通服（图 10–49、图 10–50）。

清朝礼服无领，因此需另配硬领和领衣（图 10–51）。领衣也称“牛舌头”，是连结于硬领之下的前后二长片，加外褂，或穿于行服袍的里面（图 10–52）。领衣和硬领质料因季节而不同，春秋用湖色缎，夏季用纱，冬季用皮毛或绒。遇丧事时，领衣和硬领需用黑布。

图 10–52 清代穿领衣的人物像

朝珠

按《清会典》规定，自皇帝、后妃到文官五品、武官四品以上，穿朝服或吉服时，都要佩戴朝珠。有些文吏如太常寺博士或国子监监承、助教、学正等人，在一些特殊场合虽然也可悬挂朝珠，但礼毕即不准使用，平民百姓在任何时候都不许佩挂朝珠。

清代朝珠共 108 颗，由身子、佛头、背云、大坠、记捻、坠角六部分组成（见图 10–3）。每盘朝珠有四个大珠，垂在胸前的叫“佛头”，在背后还有一个下垂的“背云”，另外两颗在朝珠的两侧。此外，还有三串小珠，左二右一，各十粒，名为“记捻”，两串在左者为男，两串在右者为女。朝珠因佩戴者身份地位的不同，材质也各不相同，有东珠（图 10–53）、珊瑚、翡翠、玛瑙、青金石、蜜蜡、琥珀、水晶、芙蓉石、玉、松石、宝石、碧玺、伽楠香等，以皇帝和皇后佩带的东珠（产于松花江的珠子）最为珍贵。皇子、妃嫔和大臣们不能使用。

图 10–53 清代东珠朝珠（北京故宫博物院藏）

常服褂

常服褂即对襟平袖、长至膝下的外褂，皇帝及百官均穿着石青色，花纹不限，不缀补子，如《康熙帝读书像》中服装式样（图 10–54）。

常服袍

清代常服袍为圆领右衽大襟，窄袖，马蹄袖端。常服褂套穿于常服袍外面。在清代皇帝、宗室所穿常服袍的腰部以下，都有开衩。因前后各一、长二尺余，左右各一、长一尺余，故名“四衩袍”，其形象如《玄烨便服写字像》（图 10–55）中的着装。官吏士人两开衩。

行袍

行袍是清代文武官员出行时穿的长袍（图 10–56、图 10–57）。其式样为右衽大襟，窄袖，马蹄袖端，四开裾，右侧衣襟裁短一尺以便跨腿乘骑及开步射猎，故又称“缺襟袍”。凡臣工扈行、行围人员都可服之。文武官员出差时穿行袍谒客，外套对襟大袖马褂。

马褂

马褂为清代男子穿在长袍外，衣长及腰，袖长及肘，两侧及后中缝开衩的短褂（图 10–58）。衣襟有对襟、大襟和琵琶襟三种。袖口平直，无马蹄袖。女子马褂有掩手挽袖和露手舒袖（图 10–59）。

清代马褂中等级最高和最具荣耀感的是黄马褂（图 10–60）。能穿黄马褂的有三种人：一是皇帝巡行扈从大臣可穿（正黄旗官员用金黄色），叫“职任褂子”；二是皇帝行围（狩猎）和阅兵时射箭或获猎物最多者可穿，叫“行围褂子”；三是治国、战功者可穿，叫“武功褂子”。前两种黄马褂用黑纽襻，平时不能穿用。第三种用黄纽襻，穿时随意。

清代黄马褂也有“赏给”与“赏穿”之分。“赏给”是只限赏赐之服，“赏穿”则可按时自做服用，不限于赏赐的一件。到清代中晚期，得此荣耀者为数较多。

图 10–54　《康熙帝读书像》

图 10–55　《玄烨便服写字像》

图 10–56　身穿缺襟袍射箭的清代人物照片

图 10–57　清代行袍（缺襟袍）

图 10–58　身穿马褂的清代官员李鸿章

图 10–59　身穿马褂的清代官员及命妇

图 10–60　清代明黄缎棉马褂

女袍（吉服袍）

在时令节日等场合，清代后妃一般穿吉服袍。其实物如红缎绣仙鹤九团女夹袍（图 10-61）和红缎绣喜相逢九团女夹袍（图 10-62）。前者为圆领右衽，左右开裾，直身袍，大红缎地，绣九团仙鹤花鸟团花，以仙鹤和彩云组成。后者形制为圆领右衽，左右开裾，直身，大红缎地，绣九团“喜相逢”团窠图案。团窠直径 29.5 厘米，以蝴蝶上下盘旋相戏为主景，周围点缀蝙蝠及各种花卉。袖边平金织“卍”字曲水纹。蝴蝶图案采用 19 种颜色。刺绣针法有套针、戗针、缠针等。

图 10-61　红缎绣仙鹤九团女夹袍（首都博物馆藏）

图 10-62　红缎绣喜相逢九团女夹袍（首都博物馆藏）

图 10-63　月白色缎织暗花梅竹灵芝坎肩

图 10-64　身穿坎肩的清宫女眷合影

图 10-65　清代一字襟坎肩

图 10-66　清末月绿色缂丝云鹤纹夹坎肩

图 10-67　宝蓝大提花葡萄纹琵琶襟坎肩

坎肩

坎肩，也称马甲、背心，是无领、无袖的上衣，可套在长袍外起装饰作用（图 10-63）。清代坎肩用料、做工十分讲究，尤其是女性使用的坎肩（图 10-64），其衣襟式样有对襟、右襟和最具特色的“巴图鲁”（满语“勇士”的意思）一字襟坎肩（图 10-65），前襟上装有排扣，两边腋下也有纽扣。当时在京师八旗子弟中甚为流行。清代对襟坎肩实物如清末月绿色缂丝云鹤纹夹坎肩（图 10-66），前胸及开裾处饰如意云头五朵，通身镶青色云鹤纹缂金宽边及朵花绦。琵琶襟坎肩实物如宝蓝大提花葡萄纹琵琶襟坎肩（图 10-67）。

褂襴

褂襴亦称背夹，是满族女子在春秋天凉时穿在袍衫外面的长坎肩，衣长至膝下，大多为圆领，对襟或大襟右衽，直身，无袖，左右及后身开楔，两侧开楔至腋下，两腋下各缀长带，对襟前胸及两侧开楔上端各装饰一个如意头，周身加边饰。实物如清晚期品月缎绣百蝶团寿字夹褂襴（图 10–68）和清光绪年间藏青缎地彩绣花蝶褂（图 10–69）。后者长 148 厘米，立领，右衽，左右开裾，有库金、彩绣、中绦三道缘，褂面绣菊花、海棠花、兰花，彩蝶翩翩。

衬衣

满族贵族妇女便服，一般以长袍式样的衬衣（图 10–70）为主。衬衣多穿于氅衣或马褂内，也可单独穿用。日常穿着时多将袖口挽起，露出里面的白地缂丝袖口。领、袖和大襟均各镶两道边作装饰。衬衣既可单独穿着，也可以套穿于坎肩、马褂等短款或有开裾的长款褂襴、氅衣之内，形成面料花色的搭配或反差。

图 10–68 清晚期品月缎绣百蝶团寿字夹褂襴

图 10–69 清光绪年间藏青缎地彩绣花蝶褂

图 10–70 清晚期明黄缎彩绣折枝玉兰花蝶衬衣

图 10–71 清晚期紫纱地缂丝百蝶散花纹氅衣

图 10–72 身穿氅衣的慈禧像

图 10–73 身穿旗袍的清代女子画像

氅衣

氅衣是清代内廷后妃穿在衬衣外面的常服。其形制为直身，圆领，大襟右衽，左右开裾至腋下，顶端都有用绦带、绣边盘饰的如意云头，形成左右对称的形式，身长至掩足，只露出旗鞋的高底。双挽舒袖，袖端日常穿用时呈折叠状，袖长及肘，也可以拆下钉线穿用。袖口内加饰绣工精美的可替换袖头，方便拆换。衣边、袖端则装饰多种各色华美的绣边、绦边、绲边、狗牙边等，尤其是清代同治、光绪年间，这种繁缛的镶边装饰更是多达数层。其实物如清晚期紫纱地缂丝百蝶散花纹氅衣（图 10–71），紫色纱面，用三晕或四晕的缂丝织两两相对的蝴蝶和或单或双的折枝橘子花纹，时称“百蝶散花”，是慈禧（图 10–72）时期比较流行的纹样。清末，氅衣与满族服饰特点鲜明的袍服相融合，并逐渐演变成旗袍（图 10–73）。

马面裙

清代裙子的基本形制是马面裙（图 10–74），是由两片相同的裙片组成，穿着时需要将裙腰上的扣子或绳系好。裙的两侧打裙裥，由两边向中间压裙，称“顺风褶”。裙腰多用白色布，取白头偕老之意。清代前期，马面裙裙门图案复杂，有龙纹、凤纹、海水江崖、亭台楼阁、云纹和蝴蝶花卉图案等。这些图案在形式上呈现出适合纹样的特征，即图案底端适合裙门的四方形状，而上端则灵活多变。裙门的四周（腰头部分除外）皆有缘饰，从一条到多条不等。清末，裙门结构仍在，但是图案逐渐消失，最后仅剩缘饰。

百褶裙

马面裙两侧的褶如果打了又细又密的细裥，则称为“百褶裙”。为了使这些细褶不走形，以一定的方式用细线绗缝交叉串联固定褶裥，穿着者行走时，裥部形似鱼鳞鳞甲，故称“鱼鳞百褶裙”（图 10–75）。

清末，马面裙的侧裥逐渐被“襕干”装饰物代替，因此这种马面裙又称为“襕干裙”。其形式与百褶裙相同，两侧打大褶，每褶裥镶襕干边（图 10–76）。裙门及下摆镶大边，色与襕干相同。

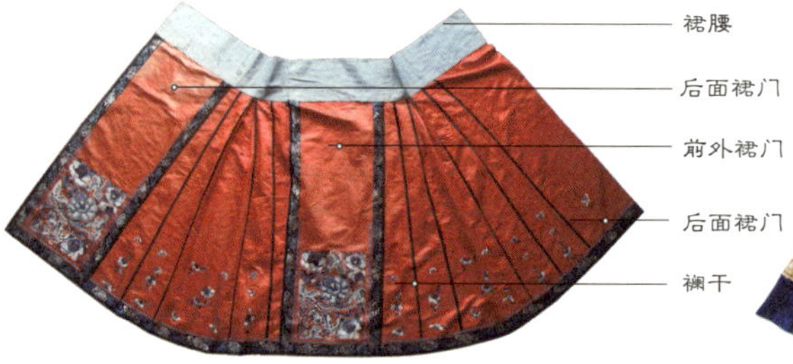

图 10–74 清代大红色三蓝绣花蝶图马面裙

图 10–75 银红暗花绸彩绣花鸟纹鱼鳞百褶裙

图 10–76 清代马面襕干裙

图 10–77 彩色缎地绣龙凤纹凤尾裙

图 10–78 清代五彩云纹暗花绸彩绣百褶凤尾裙

凤尾裙

凤尾裙是一种由彩色条布接于腰部而成的条状女裙（图 10–77）。这些布条在末端裁成尖角，形似凤尾而得名。其中两条较阔，余均做成狭条。每条绣以不同花纹，两边镶滚金线，或缀以花边。背部则以彩条固定，上缀裙腰。因布条之间空隙较大，不能单独穿着，常作为附属服饰围系于马面裙之外（图 10–78）。装饰与马面裙有对应之处，前后有似裙门的平幅，平幅上也绣有龙凤图案。各布条上皆有绣花，有的还在凤尾下端缀有小铃铛。清代末年出现了将凤尾裙缝于马面裙之外的形制，两者合二为一，故称凤尾马面裙。

套裤

清代妇女在袍服或裙子里面穿直管状的膝裤（图 10–79），也称“套裤”。这是一种裤腿上下垂直，呈直筒状，上端裁制成尖角状，和腰部相连，穿时可以露出臀部及大腿外侧的服装（图 10–80）。清人李静山《增补都门杂咏》诗云：“英雄盖世古来稀，那像如今套裤肥？举鼎拔山何足论，居然粗腿有三围。”

除了套裤，清代女子还穿开裆裤（图 10–81）。如红云纹暗花绸五彩绣花鸟纹女开裆裤，其裤腰为白色，象征白头偕老。穿着长裤时，多用色彩长汗巾在腰间系扎，垂露衣外，以为装饰。

清代套裤所用质料有缎、纱、绸、呢等，也有做成夹裤或在夹裤中蓄以絮棉的，后者多用于冬季。妇女所穿的套裤，裤管下脚常镶有花边，所用布帛色彩也较鲜艳。

图 10–79　荷蝶绣暗花绸膝裤

图 10–80　清代膝裤

图 10–81　红云纹暗花绸五彩绣花鸟纹女开裆裤

图 10–82　月白缂丝凤梅花灰鼠皮衬衣

打牲乌拉

出身关外苦寒之地的满族，由于民族爱好和生存的需要，对裘皮非常喜爱。由此带来了整个清代社会持续不断的尚裘之风。除了清代皇帝祭天时穿的皮制端罩外，皇族和官员们的冬季服装也都有毛锋朝外的裘皮镶拼服装（图 10–82），俗称“出锋裘”，不露毛的裘衣称“藏锋裘”。

清代最为贵重的裘皮是紫貂皮。清朝的时候专门有一个机构叫“打牲乌拉”，这个机构的职责就是专门为皇帝猎取貂皮。在清代礼仪服装制度中，统治阶层服装使用裘皮种类、位置、多少以及所配丝绸的种类、色彩等都有具体规定。甚至，裘皮服饰的“换季”替换也有明确的规定。

旗发扁方

汉族妇女的发髻首饰，清初大体沿用明代式样，普通女性简单地将头发绾至头顶盘髻。清代中后期，发式逐渐增多，有的模仿满族宫女发式，将头发分为两把，俗称“叉子头”；也有的在脑后垂下一绺头发，修成两个尖角，名“燕尾式”；后来还流行过圆髻、平髻、如意髻、苏州撅、巴巴头、连环髻、麻花等式样。此外，还有许多假髻，如蝴蝶、罗汉、双飞燕、八面观音等。满族未婚女子或蓄发在额前挽小抓髻，或梳一条辫子垂于脑后；普通已婚妇女多绾髻，有绾至头顶的大盘头、额前发髻髟松的髟头，还有架子头、在头顶左右横梳两个平髻的如意头（似如意横于脑后）、发髻梳成扁平状的一字头（图10–83）。清代上层妇女一般留“两把头”。清末女性的发髻越梳越高，上套一顶形似扇形的冠，被称作“旗头”，即俗称“大拉翅”（图10–84）。

满族妇女梳“两把头”或是“大拉翅”时插饰一种名为扁方的大簪（图10–85、图10–86）。扁方有玉制，也有用青素缎、青绒蒙裹而成，俗称“钿子”，佩戴时固定在发髻之上便可，上面还常绣有各种花纹图案，镶珠宝或插饰各种花朵且缀挂长长的缨穗。其作用是装饰并绾束发髻。在北方民间，扁方也有很小的。如遇丧事，妻子为丈夫戴孝，放下两把头，将头发集拢于头顶束起，分两把编成两条辫子，辫梢不系头绳，任头发松乱，头顶上插一个三寸或四寸长的白骨小扁方。如果儿媳为公婆戴孝，则要横插一个白银或白铜的小扁方。

图10–83 梳“一字头”的清代满族妇女

图10–84 梳“旗头”的清代婉容、文绣等人的合影

图10–85 清代白玉荷叶莲花扁方

图10–86 清代玳瑁镶珠石珊瑚松鼠葡萄扁方

瓜皮帽

清代官员私下和普通百姓最常戴的便帽是“六合一统帽”，民间俗称“瓜皮帽”（图 10–87）。这种帽是由六瓣缝合而成，上尖下宽，呈瓜棱形，帽为软胎，可折叠放于怀中，在帽子顶部有一红丝线或黑丝线编的结子。为区别前后，帽檐正中钉有一块明显的标志叫作“帽正”。贵族富绅多用珍珠、翡翠、猫儿眼等名贵珠玉宝石，一般人就用银片、料器之类。咸丰年间（1851—1861 年），“帽正”已为一般人所不取，为图方便，帽顶又作尖形。有的八旗子弟为求美观，还在帽疙瘩上挂一缕一尺多长的被称为“红缨”的红丝绳穗子（图 10–88）。

图 10–87　清代瓜皮帽

图 10–88　有红丝绳穗子装饰的清代瓜皮帽

图 10–89　坤秋帽（清宫旧藏）

图 10–90　坤秋帽后缀飘带且末端加缀丝穗

图 10–91　晚清佩戴坤秋帽时流行使用鲜花装饰

坤秋帽

坤秋帽，又称“困秋帽”“飘带冠”（图 10–89）。坤秋帽是旗人女性（坤）秋季所戴的一种便帽，不在制度之内，主要搭配便服使用，以清后期常见。清初时，旗人女性冠帽已经装饰有飘带。清中后期，飘带与瓜皮帽结合形成坤秋帽。坤秋帽帽檐上仰，多以上乘的皮货制作。帽顶则与瓜皮帽相似，以六片缎缝合而成，顶部则折叠为平式，上盖镶有金银珠宝、彩线刺绣八垂云纹样帽花，并用丝绒结顶。帽子后面缀有两条长飘带，飘带上窄下宽，尖端形如宝剑头，上有纹饰，亦可在末端加缀丝穗（图 10–90）。晚清佩戴坤秋帽时，特别流行使用鲜花或假花进行装饰，一般是装饰在坤秋帽的左右两侧（图 10–91）。至清末，坤秋帽和吉服冠、钿子一起搭配吉服袍使用，慈禧等人均留下过头戴“飘带冠”的吉服照片。

一般市贩、农民所戴的毡帽，也沿袭前代式样。冬天人们多戴风帽，又称“观音兜”，因与观音菩萨所戴相似而得名。

朝靴

清代男子便服穿鞋，公服穿靴。靴多为尖头，黑缎制作。清代皇帝朝靴与服色相同，并饰黑色边饰，上面绣有草龙花纹，如清代康熙绣钩藤缉米珠朝靴（图10–92），长32厘米，高60厘米。靴为厚底高勒尖头式。靴帮以石青色素缎做成，靴勒以黄色如意云纹缎制之，靴口镶石青色勾莲纹织金缎边，全靴以小米珠和红珊瑚钉缀成勾藤纹装饰图案。

清代官员冬季穿靴，如清代康熙蓝色漳绒串珠云头靴（图10–93），靴为厚底高勒尖头式，蓝色牡丹纹漳绒面料，靴口镶石青色勾莲纹织金缎边，以小米珠和红珊瑚钉缀装饰图案，靴头处呈云纹。

清制规定，只有官员着朝服才许用方头靴。官吏公服为黑缎靴（图10–94），武弁穿快靴（俗称“爬山虎”）。清代高级官员多穿牙缝靴。鞋头逐渐由方变尖。鞋的名称有云头、镶嵌、双梁（图10–95）、单梁等。此外，清代足服还有室内穿的拖鞋、雨天的钉靴、冰上用的冰鞋等。

图10–92 清代康熙绣钩藤缉米珠朝靴

图10–93 清代康熙蓝色漳绒串珠云头靴

图10–94 清代官员黑缎靴

图10–95 双梁鞋

图10–96 晚清紫缎钉绫凤戏牡丹花盆底女棉鞋

图10–97 湖色缎绣兰花镶嵌宝石花马蹄底女鞋

图10–98 清代尖头小弓鞋

花盆底

满族妇女穿一种高木底绣花鞋，鞋底上敞下敛、似花盆的被称为“花盆底”（图10–96），鞋底下大上小、前平后圆的称为“马蹄底”（图10–97），还有“龙鱼底”“四闪底”等，都是根据鞋子形状命名。鞋面多为缎制，绣有花样，鞋底涂白粉，富贵人家妇女还在鞋跟周围镶嵌宝石。老年妇女的旗鞋多以平木为底，称“平底鞋”。清代后期，着长袍穿花盆底鞋已成为宫中礼服。

清朝统治者入主中原后，起初极力反对汉人的缠足风俗，一再下令禁止女子缠足。但此时缠足之风已是难以停止了，到康熙七年（1668年）只好罢禁。也正因为如此，妇女缠足在清代可谓到了登峰造极的地步，社会各阶层的女子，不论贫富贵贱，都纷纷缠足，着尖头小弓鞋（图10–98）。

纽扣

纽扣是由纽、扣和襻构成。纽是指由织物编结而成的球形小结；扣是指可扣解纽的环形套；襻是指纽和扣延续于衣身之上的部分（图 10–99、图 10–100）。

与前代不同，清代纽襻已全部露在服饰的外面，有“一字”和“盘花”两种类型。前者长度一般为 4 ～ 6 厘米。纽、扣和襻通常用服装本身的面料制作。清代顾张思《土风录》卷三载：“衣纽之牝者曰纽襻。”其制作方法为：先将织物按 45 度斜向裁成长条，一般宽度约为 2 厘米，具体根据织物的厚薄调整；然后将斜布条的两边毛缝分别卷到内侧，再用本色线将两边褡裢缝合在一起。为了使襻条结实饱满，有的还内衬粗线。

钮扣

钮扣在明代已比较常见，此时钮扣以左右两件为一对，一为钮，一为扣，多以金银或玉石之类为原料（图 10–101、图 10–102）。在明代一些文学著作及插图中，亦可见钮扣的描述和形象，如《金瓶梅词话》第十四回描写潘金莲穿的香色潞绸雁衔芦花样对衿袄儿上有“溜金蜂赶菊纽扣儿”。

清代乾隆以后的钮扣，工艺日趋精巧，外形更为丰富。材质有铜扣、鎏金扣、镀银扣、金扣、银扣、玉扣、螺纹扣、烧蓝扣等。贵重的还有白玉佛手扣、包金珍珠扣、三镶翡翠扣、嵌金玛瑙扣、珊瑚扣、蜜蜡扣、琥珀扣等。清人樊彬《津门小令》后注：“巴图鲁坎肩必用平面洋纽。”从中可知，平扣非中国传统的钮扣形状，应由西方传入。清代钮扣有素面的，也有镌刻或镂雕各种纹饰的，如盘龙纹、折枝花卉、飞禽走兽、福禄寿喜纹等（图 10–103 ～图 10–107）。钮扣纹样往往与服饰相配，如结婚穿“囍”字袍，配“囍”字钮；寿日穿“寿”字衣，配“寿”字钮或“万寿”字钮；若穿花卉纹衣，则配以花卉纹钮。

清代钮扣固定形制有钉入式和活套式两种。钉入式是指襻条穿过钮环把钮固定在衣服上；活套式是指可以将钮自由安装或取下的式样。

图 10–99　钮扣实物

图 10–100　宝蓝琵琶襟坎肩

图 10–101　明代鎏金蜂赶菊钮扣（北京定陵出土）

图 10–102　明代嵌宝蝶恋花金钮扣（北京定陵出土）

图 10–103　清代绑蓝白珠团寿纹钮扣

图 10–104　清代粉红碧玺钮扣

图 10–105　清代铜镀金蝙蝠纹钮扣

图 10–106　清代绑红白珠团寿纹钮扣

图 10–107　清代翠玉珠宝钮扣

大阅甲

清朝初期，因满族统治者崇尚武功，为了倡导骑射之风而确立大阅、行围制度。皇太极始定大阅制度，顺治时确定每三年举行针对军容的检阅典礼。康熙二十一年（1682 年）起，康熙皇帝每年都用田猎的形式，组织几次大规模的军事演习，以训练军队的实战本领，并把围猎、大阅的礼仪、形式、地点、服装等列入典章制度。

清代制度规定，上至清代皇帝、宗室大臣，下到侍卫，凡参加大阅和行围活动的人，都要根据制度穿戴不同纹样、色彩的盔甲。这种盔甲，尤其是皇帝御用的大阅甲，在一定程度上已经失去了保护身体的实际作用，变成了一种象征性、装饰性服装。其形象如意大利画家郎世宁所绘身穿大阅甲的乾隆皇帝像（图 10–108）。

清代皇帝的大阅甲由盔帽、甲衣和围裳构成：盔帽以铁和皮革制成，表面髹漆（图 10–109），前后左右各有一梁，额前正中突出一块遮眉，其上有舞擎、覆碗和盔盘。盔盘上竖缨枪、雕翎和獭尾装饰的铁或铜管，后垂石青等色的丝绸护领、护颈及护耳，上缀以铜或铁泡钉并绣有纹样。甲衣又分为护肩、护腋、护袖、护心镜（胸前和背后）、前挡（前襟下部的梯形护腹）、左挡（腰间左侧，右侧挂箭囊）。围裳部分分为左、右两幅，正中处挂虎头蔽膝，穿时用带系于腰间。

图 10–109 清代皇帝盔帽

图 10–108 身穿大阅甲的乾隆皇帝像（意大利画家郎世宁绘）

图 10–110 明黄缎绣彩云金龙纹棉大阅盔甲（北京故宫博物院藏）

北京故宫博物院保存的明黄缎绣彩云金龙纹棉大阅盔甲（图 10–110），是康熙帝大阅时的御用之物。这套盔甲上衣长 75.5 厘米，下裳长 71 厘米，两袖通长 158 厘米。康熙大阅甲的制作工艺十分精巧，其上衣云纹主要用绿、墨绿色等，其间四合如意云用粉、粉红、红、月白、蓝色等，灵芝云用粉、红色等。上衣正面黄缎地上布满金帽钉，左、右各以金线绣一条正面升龙，上衣背面与衣前纹饰颜色一样，所不同的是居中绣有一条正龙。衣下摆处绣有平水、寿山、海珠、杂宝、珊瑚等纹饰，其左、右护肩，面部蓝地绣金龙各九条，并在中部镶嵌有一颗红宝石和一东珠。左、右护腋，前挡，侧挡颜色均黄缎地，布金帽钉，各绣一条正龙及平水、寿山、云纹等纹饰。下裳为左、右两挡，每挡均为黄缎地，上绣行龙十六条，在每两条行龙间用金线采用钉金针法，以丝线固定排列整齐。中鸿信国际拍卖有限公司亦曾拍卖过相同式样的清代蓝缎龙纹出征铠甲（图 10–111）。

清代满族的祖先，以血缘和地缘为单位进行集体狩猎的组织形式，至万历四十三年（1615 年）（努尔哈赤时期）演变为“八旗制度”，即正黄旗、镶黄旗、正白旗、镶白旗、正红旗、镶红旗、正蓝旗、镶蓝旗。旗帜除四正色旗外，黄、白、蓝均镶以红，红镶以白。其八旗兵服饰皆随旗帜而别：正黄旗全身黄色，镶黄旗黄地红边；正白旗全身白色，镶白旗白地红边；正红旗全身红色，镶红旗红地白边；正蓝旗全身蓝色，镶蓝旗蓝地红边（图 10–112）。

图 10–111　清代蓝缎龙纹出征铠甲（中鸿信国际拍卖有限公司拍卖品）

图 10–112　清代满族“八旗制度”戎服

顶珠花翎

清代上层统治阶层冠服制度中的礼冠，名目繁多：用于祭祀庆典的有朝冠；常朝礼见的有吉服冠；燕居时有常服冠；出行时有行冠；下雨时有雨冠。从式样上讲，皇帝、皇子、亲王、镇国公等人夏朝冠和冬朝冠形制大体相同，仅冠顶镂花金座的层数和东珠饰物的数目依品级递减而已（图 10–113）。此外，清代女子冬朝冠皆以薰貂，其上缀朱纬，长于帽檐，其后皆有护领，并垂绦两条。其冠顶和饰物及垂绦的颜色因等差而有所差异。

花翎

清代官员暖帽，多为圆形，四周帽檐反折向上约两寸宽，以缎为顶，以呢、绒或皮为檐，视天气变化而定。清代官员凉帽（图 10–114），也叫纬帽，无檐，形如圆锥，俗称喇叭式，多由藤、竹制成，外裹绫罗，多用白色，上缀区别官职的红缨顶珠。冠帽顶珠下有一枚两寸长短的翎管，用玉、翠（图 10–115）或珐琅、花瓷制成，用以安插翎枝。清代官员首服上的花翎有蓝翎、花翎之别。蓝翎用鹖羽制成，蓝色，羽长而无眼，较花翎等级低。花翎为带有“目晕”的孔雀翎。“目晕”也被俗称为“眼”，分为单眼、双眼、三眼，其中三眼者最为尊贵（图 10–116、图 10–117）。

图 10–113　清代嫔妃冠顶的凤鸟和清代皇帝朝冠顶珠

图 10–114　清代凉帽

图 10–115　清代玉、翠翎管

图 10–116　三眼、双眼、单眼花翎（北京故宫博物院藏）

图 10–117　清代一眼花翎冬行服冠

第十一章　现代当代

民国时期：1912—1949 年
当代：1949 年至今

一、民国时期

清帝退位，民国肇建以后，民国初年实施的新服制和孙中山提出的服装制作四原则，使民众的穿衣戴帽摆脱等级制度和传统的政治伦理的干预，标志着中国古代衣冠体制的解体。

20 世纪的最初 10 年，中国女性服饰还是以上衣下裙的形式为主。青年妇女往往下穿黑色长裙，上身穿窄而修长的短袄，如三色花缎女短袄（图 11–1），窄身大襟，直袖立领，两侧开衩，面料为湖蓝地花缎，粉红色丝绵衬里。盘纽，领口、斜襟各 1 对，侧门襟 3 对。

有的短袄袖子短且肥大，时称“倒大袖”（图 11–2）。这时期还流行一种领高至双耳，遮住面颊的元宝领，被人戏称“朝天马蹄袖”（图 11–3、图 11–4）。虽然领子要高高立起遮住面颊，但小臂却是要露出来，作家张爱玲（图 11–5）称这种式样为：“‘喇叭管袖子’飘飘欲仙，露出一大截玉腕。短袄腰部极为紧小。”

图 11–1　三色花缎女短袄

图 11–2　民国时期倒大袖短袄和长裙

图 11–3　民国元宝领长袄

图 11–4　身穿元宝领长袄的民国女性照片

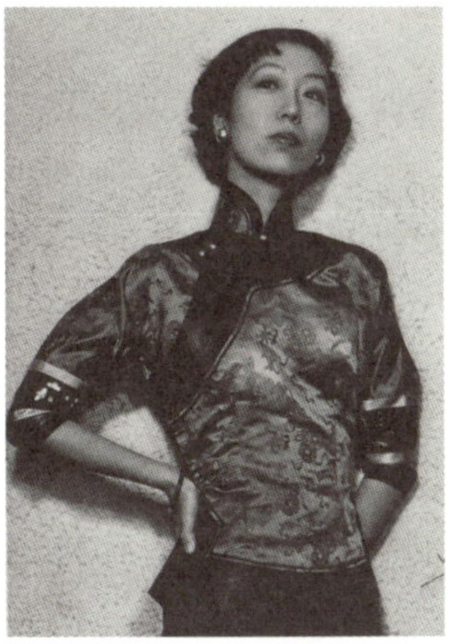
图 11–5　身穿短袄的张爱玲

民国时期的女裙仍然保留宽大的裙腰，但裙门结构已经消失。辛亥革命之后，西式服饰影响加剧，裙腰系带被更容易穿着的松紧带所代替。在正规场合，裙子内要套长裤和套裤。

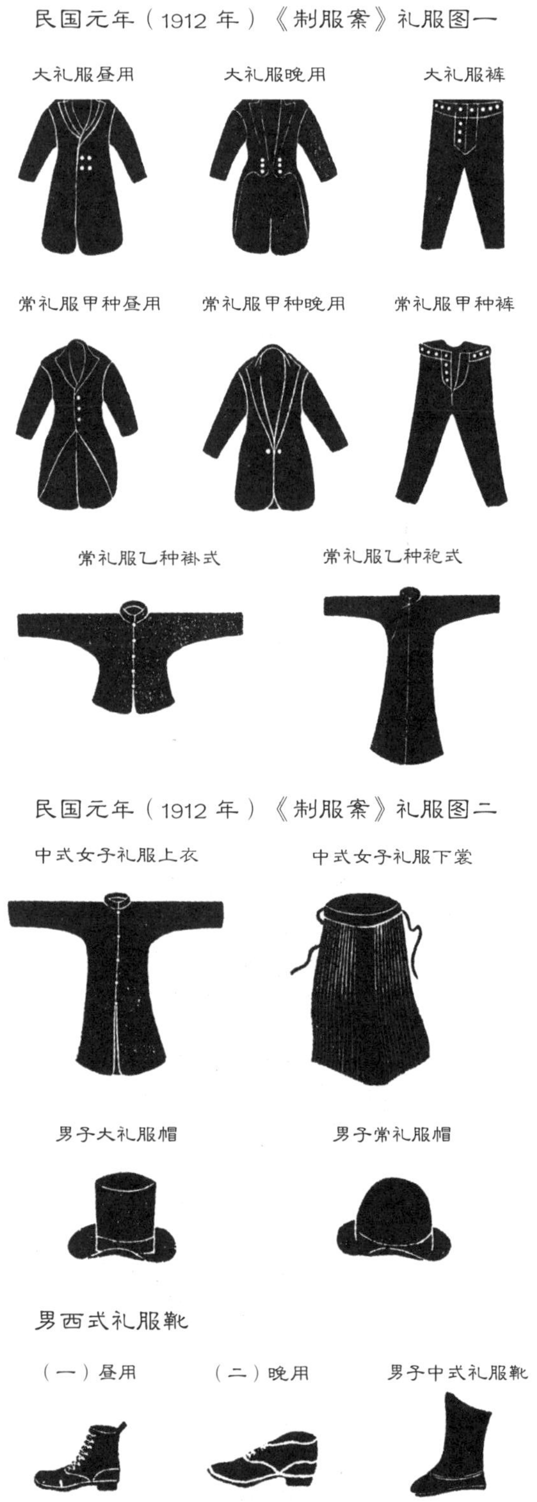

图 11-6 民国元年的《服制条例》

民国建立以后，缠过又放开的脚多了起来，受西风东渐的影响，喜欢着西式服装的人越来越多。中式衣服，虽然还是两件的袍服，却因为裁剪的关系，变得修长并有线条，极具美感。

民国元年（1912年），“北洋政府”颁发的服制条例（图11-6）规定：男子礼服分为“大礼服”“常礼服”两款。常礼服又分为甲、乙两种，大礼服和常礼服的甲种都是西式的。乙种是中式齐领右衽的长袍、短褂，褂是对襟，左右及后开衩。女子礼服一式，是齐领对襟长上衣，下服打裥长裙，俗称百褶裙。

20世纪20年代末，民国政府重新颁布《服制条例》（图11-7），其内容主要为礼服与公服。规定男子常服为长衫马褂；礼服为中山装，夏用白色，春秋冬用黑色。1929年4月，第二十二次国务会议议决：“制服用中山装。”同年，新制定的国民党宪法规定特任、简任、荐任、委任四级文官宣誓就职时一律穿中山装，以示奉孙中山先生之法。就此，中山装经国民政府明令公布而成为法定的制服。

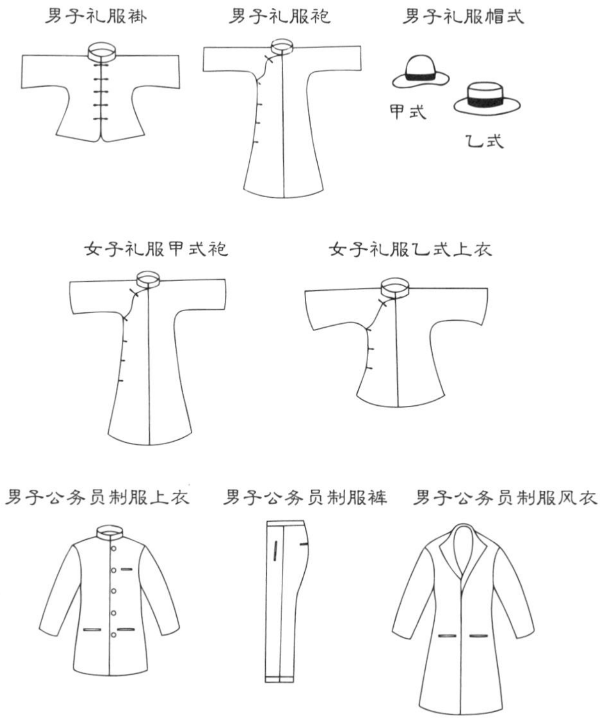

图 11-7 民国时期《服制条例》

民国男装

民国时期男装是中山装、西装、长衫三足鼎立（图 11-8），有中有洋，亦中亦西，不同文化背景、职业的人，穿着不同的服饰，从他们的穿戴中，我们就可以大致了解他们的职业，以及文化教育的背景。长衫、西服、中山装是城市及乡间上层人士流行的服装。

西装在 20 世纪 30 年代是时髦的男子服装，受到知识阶层的欢迎（图 11-9）。当时的时髦男子典型装束是内穿西装，外罩大衣。在演艺界，流行效仿美国明星的装束，以中分头和吊带裤为时尚。

中山装

1921 年 5 月，孙中山在广州就任非常国会推举的临时大总统时开始穿着立翻领中山装（图 11-10）。1923 年，孙中山在广州任中国革命政府大元帅时，认为当时的服装不足以显示辛亥革命成果，西装式样烦琐，穿着不便，而对襟短褂和大襟长衫的中式传统服装，又不能充分表现当时中国人民奋发向上的时代精神。1924 年底，孙中山启程北上，他由广州经香港抵达上海，受到上海各界的欢迎。当身穿中山装的孙中山与上海市民见面时，引起了沪上工农政商各界的一片赞誉。后来，孙中山先生又到了北京，也一直穿着中山装。直至 1925 年 3 月 12 日，孙中山先生在北京病逝，葬礼上他依然身穿"中山装"。

可以说，中山装是辛亥革命后流行的一种源自西方的军装，也是以伟大革命先驱孙中山先生名字命名的一种现代服装。其形制为立翻领，对襟；前襟五粒扣，代表五权分立（行政、立法、司法、考试、监察）；四个贴袋，表示国之四维（礼、义、廉、耻）；袖口三粒扣，表示三民主义（民族、民权、民生）；后片不破缝，表示国家和平统一之大义（也有学者认为这些文化象征是 20 世纪 80 年代由大陆记者整理附会而成）。中山装的出现是近代中国服装史上一次影响深远的服饰改革（图 11-11）。

图 11-10 孙中山就任临时大总统时穿过的中山装复制品

图 11-11 身穿西式婚纱和中山装的婚纱照

图 11-8 民国时期流行男服：长袍、中山装、西装

图 11-9 1930 年身穿长袍马褂和西装合影的年轻人

二、海派旗袍

20世纪20年代至40年代，受西方文化的影响，在我国最早步入大都市行列的上海，曾经出现过时装业蓬勃发展的短暂时期。作为全国服装业的中心，摩登的上海女郎成为全国时尚的领军人物，“中西合璧”的海派服装也形成于该时期。

中国最具民族特色且影响最大的服装莫过于旗袍（图11-12～图11-15）。受西方文化影响，民国时期上海旗袍发生了重大转变。首先，原本宽大的廓型开始变得紧身，能够将东方女性优美的身体曲线表现出来（图11-16）。其次，清代旗袍的封闭性被两侧的高开衩打破。再次，新式旗袍出现了许多局部变化，在领、袖处采用西式服装装饰，如荷叶领、开衩领、西式翻领及荷叶袖、开衩袖，有的下摆坠有荷叶边并做了夸张变形（图11-17）。最后，有些旗袍还大胆使用透明蕾丝材料搭配里面的衬裙。

从服装设计的角度来说，这种旗袍运用了很多设计元素，很有创意，被称为“别裁派”旗袍。在当时的“时装片”中盛行一时，而且流行西化服饰的大前提下，“别裁派”旗袍在银幕上频频亮相，成了新颖别致的电影服装。

图11-12 蓝地彩印花罗夹旗袍

图11-13 暗花纹棉麻旗袍

图11-14 湖绿色绸刺绣缘饰旗袍

图11-15 红黄渐变色线钩针编结旗袍

图11-16 1930年旗袍式样

图11-17 “别裁派”旗袍

图 11-18　中山装

图 11-19　列宁装

图 11-20　军便装

图 11-21　日本宽银幕电影《追捕》中的杜丘和真由美

图 11-22　《大西洋底来的人》剧照

三、新中国成立之后

1949 年中华人民共和国的成立，标志着中国服装史走入了一个新时期。至 20 世纪 70 年代，中山装、工装衣裤、列宁装、军便装、方格衬衫和连衣裙等服装式样先后流行。穿草绿色军装，戴草绿色军帽，扎宽皮带，佩戴毛主席像章，挎背草绿色帆布挎包，成为当时的时髦装束。蓝、灰、黑成为大街上的“老三色”，中山装（图 11-18）、列宁装（图 11-19）和军便装（图 11-20）则成为中国人民很长时期的“老三装”。

20 世纪 70 年代末，伴随着改革开放的大门被敞开，人们的审美视野也一并打开了。随着中日电影文化交流的不断深化，一批优秀的日本电影被陆续引进中国。国人在日本宽银幕电影《追捕》中，痴痴地看着冷面硬汉杜丘（图 11-21）和长发美女真由美相拥驰骋在一望无际的草原上，被浑厚男低音主题曲中的“啦呀啦”唱得心驰荡漾。杜丘的风衣、鸭舌帽，后来又加上美国连续剧《大西洋底来的人》（图 11-22）中的蛤蟆镜、喇叭裤，以及大鬓角，成为男孩子的扮酷行头。山口百惠的学生裙、三浦友和的鸡心领毛衫，都被那个年代的观众欣然接受和效仿。1980 年，首部国产爱情片《庐山恋》公映后，连衣裙成为女孩子最钟爱的时装。1985 年，国产影片《红衣少女》在社会上引起轩然大波，其中主人公的大红衬衫，打破了当时中国灰色卡其布服装一统天下的格局。

四、东风西进

对于西方人来说，中国是一个充满神秘感的国度，伊夫·圣·洛朗（Yves Saint Laurent）在1977年的清宫时装系列可以说是尝试中国风格的第一步（图11-23）。

直到20世纪90年代末，刚刚上任迪奥（Dior）首席之位的约翰·加利亚诺（John Galliano）在1997年秋冬系列首秀中，重现了20世纪30年代上海部分女子形象（图11-24），抹厚脂粉，擦腮红，刘海儿发，细眉黑眼睛，身穿旗袍，细致而玲珑的雕花刺绣从胸口蔓延至腰腹两侧。背部面料被处理成鲤鱼纹理，肩部则分别垂坠有细长的流苏穗带，在行走间持续“步摇”。肩部采用不对称剪裁，密集而纤细的尼龙绳呈网状交叠至脖颈处，背部则是赤裸而直白的大面积镂空。同场出现的还有一件与西式礼服无异的中式红色旗袍（图11-25）。这一季的广告大片也充满了中国风味（图11-26）。

2001年，让·保罗·高提耶（Jean Paul Gaultier）推出以京剧人物为灵感的“刀马旦”系列高级女装（图11-27）。从“Nuit de Chine”“Fu Manchu”“Shanghai Express”等主题名称就可以知道，当季设计将是一次中国元素的巡礼。该系列设计具有鲜明的历史厚重感。上海的历史渊源甚至可以追溯至清朝，钉珠裹身的缎面洋装俨然是西洋版格格的专属行头，龙袍刺绣的风衣以及对襟立领束腰衣拥有宫庭风范。此外，服装细节，如黑发头饰被编制成公主扇、流苏伞、绣花框等元素，极具中国风格。

图11-23 Yves Saint Laurent 1977中国风格时装

图11-24 John Galliano上海部分女子形象的重现

图11-25 John Galliano为Dior设计的1997年秋冬中式旗袍

图11-26 1997年Dior广告

图 11-27　Jean Paul Gaultier 2001 年时装

图 11-28　Dior 2003 春夏高级成衣

图 11-29　Yves Saint Laurent 明黄色珠绣龙袍晚礼服

图 11-30　Giorgio Armani 2005 春夏时装

五、致敬东方

2003 年春夏，法国时装品牌迪奥（Dior）在设计师约翰·加利亚诺（John Galliano）的带领下成功变成了一场向东方文化致敬和解构的盛宴（图 11-28）。整个系列的灵感来源于设计师为期三周的中日旅行。这场秀也最终打破了文化的界限，约翰·加利亚诺将旗袍、和服等传统服装纷纷转换成体积庞大的巨型服饰，模特似乎已经淹没在堆砌状的织锦缎、塔夫绸和饰边雪纺之中。约翰·加利亚诺本人称其为“重口味的浪漫主义”。

随着中国奢侈品的消费力持续增长，越来越多的国际时尚大牌加入东方元素，讨好中国新贵的意图明显。汤姆·福特（Tom Ford）为伊夫·圣·洛朗（Yves Saint Laurent）推出了中国系列的高级定制服（图 11-29）。2005 年春夏，乔治·阿玛尼（Giorgio Armani）推出了立领、盘扣、中式绲边、书法字等元素一应俱全的时装作品，令人感到焕然一新（图 11-30）。

在 2006 年秋冬系列中，除了青花瓷旗袍式礼服，意大利设计师罗伯特·卡沃利（Roberto Cavalli）运用黑金色，创作了改良的中式旗袍（图 11-31）。鲜少将灵感触角伸向中国的美国设计师奥斯卡·德拉伦塔（Oscar de la Renta）也对旗袍的改良做出过有益尝试。兴许是一种巧合，在 2007 年春夏的那个清淡休闲的系列中，几身缎面礼服和蕾丝长裙，一眼望过去，既没有立领，也没有盘扣，甚至没有开衩，却有旧上海旗袍的韵味（图 11-32）。

北京奥运会，将“中国风”推向一个新高潮，中国消费品零售额大约以每年 14% 的速度增长，2007 年达到 11800 亿美元。2007 年 10 月，芬迪（Fendi）品牌耗费了 1000 万美元进行了长城大秀。卡尔·拉格斐（Karl Lagerfeld）在芬迪（Fendi）2007 年秋冬米兰发表会后，将此系列移师到长城展演，并添加几套中国风设计（图 11-33）。整场时装秀以一件鲜红色礼服开场，以一件黑色旗袍配以

图 11-31 Roberto Cavalli 2006 秋冬时装

图 11-32 Oscar de la Renta 2007 春夏时装

瓜鼠图案和红色流苏手包

明朝皇帝朱瞻基绘《三鼠图轴》

图 11-34 Fendi 2007 长城秀最后一件中式风格时装及中国瓜鼠图案手包

图 11-33 Fendi 2007 长城秀

印花流苏手包谢幕（图 11-34）。印花流苏手包上刺绣着瓜鼠图案，两侧饰有红色丝绸流苏和闪亮金色双 F 的标志扣。由于老鼠一胎多子，苦瓜等果实里面也有很多种子，因此将老鼠和苦瓜看作繁育能力很强的动物和植物。宣德二年（1427 年），盼望生子多年的朱瞻基终于得了第一个嫡子朱祁钰，为此，他画了瓜鼠图记录了他得子后的幸福。卡尔·拉格斐说："我尝试了一些剪裁和图案，以达到一种适合中国模特的优雅效果。"芬迪（Fendi）品牌官方解释他们选择在中国长城作秀的原因是他们认为在未来的 25 年中，这里将是世界经济最快的增长点，希望芬迪（Fendi）在中国时尚消费品市场占有一席之地。

在纽约、米兰、巴黎时装周上，中国风也成为最受欢迎的元素之一，中式立领、印花水墨、流苏、花鸟鱼虫图案等随处可见。意大利品牌普拉达（Prada）推出了新艺术风格旗袍晚装系列，半透明生丝绡加上新艺术风格的插画印花，衣襟边缘有重色缘边，胸口不规则的镂空突出了曲线和有机形态（图 11-35）。

图 11-35　Prada 2008 春夏时装秀

图 11-36　李宁品牌在纽约时装周上发布的作品

图 11-37　波司登品牌在纽约时装周上发布的作品

图 11-38　贾玺增为故宫设计的文创产品——七星吉兆祥龙卫衣

国潮时尚

自2016年开始，“国潮”成为炙手可热的关键词，众多时尚品牌执迷于探索不同类别的中国意蕴，在中国传统文化和艺术元素的基础上，适应全球流行文化趋势，从而演变出独特的风格。中国知名服装品牌，如李宁（图 11-36）、太平鸟、波司登（图 11-37）等，都相继推出了“国潮”主题时尚产品。故宫文化创意馆也推出了故宫彩妆系列，例如 2019 年春季，本书作者为故宫设计的文创产品——取材于故宫祥龙、七星图案的七星吉兆祥龙卫衣（图 11-38），短时间内，上千件服装销售一空。

当制造业提质增效的迫切与市场不断升级的需求“相遇”，便促成了“国潮风”的流行。创新，让国货于传统中萌发新意。一边是高成本、高库存“顽疾”，一边则是瞬息万变的市场、愈加激烈的竞争。消费升级既表现为对品质的提升，也包含了消费者对生活、情感等多方面的诉求。引发情感共鸣、带来快乐和美的享受，是国货新“卖点”之一。文化，让国货拥有全新空间。

后记

本人以为，在研究服装史、撰写服装史的专著、教材时，有两种情况是比较难做好的：一种情况是对服装史进行深入刨析、系统阐述，将每一个细节都研究到且阐述透彻；另一种情况是把服装史的书写薄了，写简单了，即建立大框架、大关系，把基本概念讲清楚了，将不同服饰等级、不同服饰制度之间的关系讲清楚。总之，越简单清晰越好。当然，能做到简单也很不容易，不仅需要做到将服装史的内容了然于胸，还要具备能够将错综复杂的内容化繁为简的视野。

记得当年在中国服装史泰斗清华大学美术学院黄能馥先生家里，听黄先生讲课，他说："我们在写服装史著作和教材的时候，要想办法深入浅出，把最深奥的道理，用最简单的话讲出来，让读者清晰准确地了解中国服装史的内容。"虽然已经过去十几年，但黄先生当年的教诲让我铭记于心。此外，我在清华大学实际教学过程中也发现了这个问题。有的时候概念太多、内容过于深奥，对于初学者来讲是有一定困难的，不能快速、清晰地建立"服装史"的知识体系和内容框架。

《中国服装史（简明版）》《西方服装史（简明版）》《中外服装史（简明版）》三本书，就是力求用最简单的语言将服装史的内容阐述清晰，使读者在最短的时间内了解服装史的概貌。采取简单、明了、准确的方式让读者快速地学习，并且建立起这些基本的知识体系，然后在此基础上，进行更深一步的研究，我觉得这是学习服装史的一个比较好的方法。在这种理念的指导下，我撰写完成了这套服装史简明版系列，希望能对读者有所帮助。

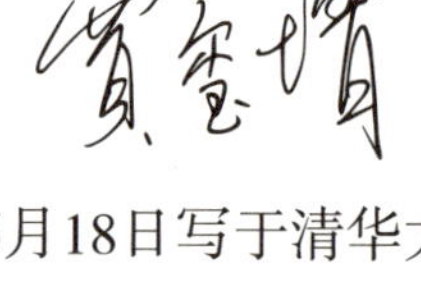

2021年5月18日写于清华大学